国家示范性建设院校电子信息类优质核心及精品课程规划教材

省级精品课程配套教材

基于 C# 的 SQL Server 应用技术

主　编　龚雄涛　胡昌杰

副主编　宋振云　李岚　朱运乔　张朋义

西安电子科技大学出版社

内 容 简 介

本书以实际工作过程为导向，以应用为重点，使用了当今较流行的 C# 开发工具，以"班级管理系统"为示例数据库，并且以此案例贯穿全书基础部分的所有工作任务，使读者在熟练掌握 SQL Server 2008 的同时，全面了解数据库知识。本书共分为 9 个学习情境：学习情境 1～7 介绍了使用 SQL Server 进行数据库系统开发的一些基础性知识，包括数据库基础、SQL Server 数据库对象的创建与管理、T-SQL 语言基础、编程接口技术等方面的知识；学习情境 8 讲述了班级管理系统的开发，学习情境 9 讲述了电子相册管理系统的开发。这些实例取材于真实项目，具有较高的实用性。

本书适合作为高职院校、独立学院计算机专业的教材，还适合广大使用 SQL Server 进行数据库系统开发的软件开发人员参考，对高校计算机专业的学生进行毕业设计也具有一定的参考价值。

★本书配有电子教案，需要者可登录出版社网站，免费下载。

图书在版编目(CIP)数据

基于 C# 的 SQL Server 应用技术/龚雄涛，胡昌杰主编.—西安：西安电子科技大学出版社，2011.2
国家示范性建设院校电子信息类优质核心及精品课程规划教材
ISBN 978 - 7 - 5606 - 2544 - 7

Ⅰ.① 基… Ⅱ.① 龚… ② 胡 Ⅲ.① 关系数据库—数据库管理系统，SQL Server—高等学校—教材 Ⅳ.① TP311.138

中国版本图书馆 CIP 数据核字(2011)第 007314 号

策　　划　陈　婷
责任编辑　陈　婷
出版发行　西安电子科技大学出版社(西安市太白南路 2 号)
电　　话　(029)88242885　88201467　邮　　编　710071
网　　址　//www.xduph.com　　　　电子邮箱　xdupfxb001@163.com
经　　销　新华书店
印刷单位　陕西光大印务有限责任公司
版　　次　2011 年 2 月第 1 版　　2011 年 2 月第 1 次印刷
开　　本　787 毫米×1092 毫米　1/16　印　张　17.625
字　　数　420 千字
印　　数　1～3000 册
定　　价　25.00 元
ISBN 978 - 7 - 5606 - 2544 - 7/TP · 1268
XDUP 2836001-1
＊＊＊ 如有印装问题可调换 ＊＊＊
本社图书封面为激光防伪覆膜，谨防盗版。

前　言

Microsoft SQL Server 2008 是一个典型的关系型数据库管理系统，作为 Microsoft 公司在数据库管理领域精心打造的重要产品，具有强大的后台数据库管理能力，提供了对 Web 的完全支持，并拥有强大的集成和可扩展的分析功能，能够帮助用户快速开发网络数据库。SQL Server 提供的 Transact-SQL 语言是一种交互式的功能强大的数据库查询语言，Transact-SQL 语言是对 SQL 语言的具体实现和扩展，通过 Transact-SQL 语言可以完成对 SQL Server 数据库的各种操作及进行数据库的应用开发。

编者借鉴和学习基于工作过程导向的课程开发方法，结合多年来课程改革的经验，综合各种因素，创新了一套可操作的，充分体现以学生学习为主、教师教学为辅的"学、教、做"一体化的教学模式和"行动导向"的教学方案，编写了这本教材。

为了方便学生学习和使用 SQL Server 2008，本教材充分体现了以下特点：

(1) 理论够用、实践第一。全书采用"理论够用、实践第一"的原则，能使读者快速、轻松地掌握 SQL Server 数据库技术与应用。

(2) 情境引入，实施任务。本书每个学习情境都是基于一个具体的工作任务环境，通过对任务的描述和资讯介绍，作好任务的准备；详细、完整的任务实施，并再现了任务的实施过程。读者在不知不觉中全程参与了整个任务，降低了阅读和理解的难度。

(3) 案例经典，循序渐进。全书以"班级管理系统"案例贯穿全书基础部分的所有工作任务，学生容易理解与接受。另外一个案例"电子相册管理系统"，对前面的基础内容进行重复应用，加深读者对 SQL Server 管理与应用知识的认识。

(4) 讲解通俗，注释详细。每个任务的操作步骤都以通俗易懂的语言阐述，并穿插讲解操作技巧，对部分内容进行拓展，使知识立体化。操作步骤详细，读者只需要按照步骤阅读、操作，就可以完成一个任务，简单明了。

本教材由龚雄涛、胡昌杰、宋振云负责总体设计和校稿。李岚编写了学习情境 1 和学习情境 9；朱运乔编写了学习情境 2 和学习情境 7；张朋义编写了学习情境 3 和学习情境 6；龚雄涛编写了学习情境 4、学习情境 5 和学习情境 8。参加编写的还有王英、余晓丽。

本教材在编写过程中，参考了部分文献和成果，在此对原文作者一并表示诚挚的感谢！

由于时间仓促，加之编者水平与经验有限，书中不妥之处在所难免，希望广大读者批评指正。

编　者

2010 年 10 月

目　　录

学习情境 1　安装和配置数据库

情 境 引 入

　　Microsoft SQL Server 是一个全面的数据库平台,它的数据库引擎是企业数据管理的核心,可以构建和管理高性能和高可用性的数据应用程序。无论是开发人员、数据库管理员,还是信息工作者,SQL Server 都可以为其提供创新的帮助。因此,安装 SQL Server 是非常基础的一项任务。在安装 SQL Server 的过程中有一些细节需要读者注意。

工作任务 1　安装 SQL Server

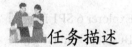

任务描述

　　了解 SQL Server,并熟悉 SQL Server 的特点和安装方法。

相关资讯

1. SQL Server 2008 简介

　　SQL Server 2008 在 Microsoft 的数据平台上发布,可帮助使用者随时随地管理任何数据。它可以将结构化、半结构化和非结构化文档的数据(例如图像和音乐)直接存储到数据库中。SQL Server 2008 提供了一系列丰富的集成服务,可以对数据进行查询、搜索、同步、报告和分析等的操作。数据可以存储在各种设备上,从数据中心最大的服务器一直到桌面计算机和移动设备。

　　SQL Server 2008 允许用户在使用 Microsoft .NET 和 Visual Studio 开发的自定义应用程序中使用数据,在面向服务的架构(SOA)和通过 Microsoft BizTalk Server 进行的业务流程中使用数据。信息工作人员可以通过他们日常使用的工具(例如 2007 Microsoft Office 系统)直接访问数据。SQL Server 2008 提供一个可靠的、高效率智能数据平台,可以满足用户的所有数据需求。

2. SQL Server 2008 版本

　　SQL Server 2008 是 Microsoft 公司推出的 SQL Server 数据库管理系统的新版本,是一

个大型的数据库产品。常见的版本有以下 7 种：企业版(Enterprise)、标准版(Standard)、工作组版(Workgroup)、网络版(Web)、开发者版(Developer)、免费精简版(Express)以及免费的集成数据库(SQL Server Compact 3.5)。

根据应用程序的需要，安装要求可能有很大不同。SQL Server 2008 的不同版本能够满足企业和个人独特的性能、运行时以及价格要求。需要安装哪些 SQL Server 2008 组件也要根据企业或个人的需求而定。

SQL Server 2008 系统支持 Windows XP SP3、Windos Vista SP1、Windows Server 2003 SP2、Windows Server 2008 等操作系统，需要预安装.NET Framework 3.5 SP1 和 Windows Installer 4.5 等组件，根据用途不同可能还需要安装 SQL Server 2000 DSO 或客户端组件。

3．SQL Server 2008 系统要求

SQL Server 2008 企业版(Enterprise)要求必须安装在 Windows Server 2003 及 Windows Server 2008 系统上，其他版本还可以支持 Windows XP 系统。另外，还有以下两点值得注意：

(1) SQL Server 2008 已经不再提供对 Windows 2000 系列操作系统的支持。

(2) 64 位的 SQL Server 程序仅支持 64 位的操作系统。

当前操作系统满足上述要求后，下一步就需要检查系统中是否包含以下必备软件组件：

(1) .NET Framework 3.5 SP1。

(2) SQL Server Native Client。

(3) SQL Server 安装程序支持文件。

(4) SQL Server 安装程序要求使用 Microsoft Windows Installer 4.5 或更高版本。

(5) Microsoft Internet Explorer 6 SP1 或更高版本。

其中，所有的 SQL Server 2008 安装都需要使用 Microsoft Internet Explorer 6 SP1 或更高版本。Microsoft 管理控制台(MMC)、SQL Server Management Studio、Business Intelligence Development Studio、Reporting Services 的报表设计器组件和 HTML 帮助都需要 Internet Explorer 6 SP1 或更高版本。

在安装 SQL Server 2008 的过程中，Windows Installer 会在系统驱动器中创建临时文件。在运行安装程序以安装或升级 SQL Server 之前，务必检查系统驱动器中是否有至少 2.0 GB 的可用磁盘空间用来存储这些文件。即使在将 SQL Server 组件安装到非默认驱动器中时，此项要求也适用。

实际硬盘空间需求取决于系统配置和用户决定安装的功能。表 1-1 提供了 SQL Server 2008 各组件对磁盘空间的要求。

表 1-1　SQL Server 2008 各组件对磁盘空间的要求

功　　能	磁盘空间要求
数据库引擎和数据文件、复制以及全文搜索	280 MB
Analysis Services 和数据文件	90 MB
Reporting Services 和报表管理器	120 MB
Integration Services	120 MB
客户端组件	850 MB
SQL Server 联机丛书和 SQL Server Compact 联机丛书	240 MB

除了上述的软硬件要求外，安装 SQL Server 2008 所需的 CPU 和内存(RAM)等其他的要求参见以下链接内容：

http://msdn.microsoft.com/zh-cn/library/ms143506.aspx

为了减少在安装过程中出现错误的概率，应注意以下事项：

(1) 以系统管理员身份进行安装。

(2) 尽量使用光盘或将安装程序复制到本地进行安装，避免从网络共享进行安装。

(3) 尽量避免存放安装程序的路径过深。

(4) 尽量避免路径中不包含中文名称。

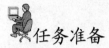
任务准备

一台装有操作系统的电脑。

任务实施

检查当前系统的环境已经符合要求后，就可以执行安装程序进行产品的安装了。接下来在 Windows Server 2003 SP2 环境下按照安装向导的指引对产品的安装过程进行详细说明。

插入 SQL Server 安装光盘，然后双击根文件夹中的 setup.exe，如图 1-1 所示。

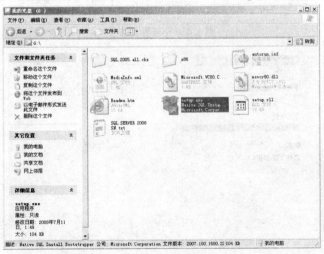

图 1-1   安装文件夹

此时安装程序将自动检查当前计算机上是否缺少安装 SQL Server 必备组件，如果系统缺少 .NET Framework 3.5 SP1，那么将出现 3.5 SP1 安装对话框，如图 1-2 所示。

图 1-2   .NET Framework 3.5 SP1 安装对话框

单击"确定"按钮，将进行必备组件的安装，本例中将进行 .NET Framework 3.5 SP1 的安装，安装程序提示如图 1-3 所示信息。

在出现图 1-4 所示窗口后，选中相应的复选框以接受 .NET Framework 3.5 SP1 许可协议。单击【安装】按钮，安装向导弹出如图 1-5 所示的进度界面，单击【取消】将退出安装。

图 1-3　安装程序提示信息

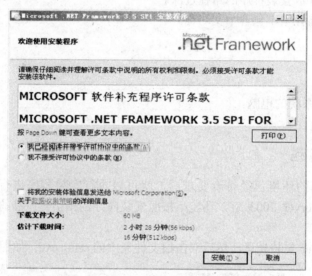

图 1-4　安装程序界面

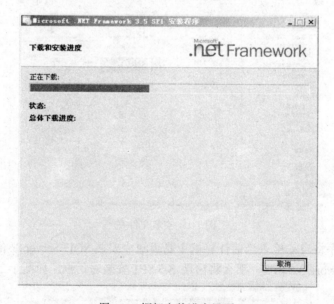

图 1-5　框架安装进度界面

当 .NET Framework 3.5 SP1 的安装完成后，界面如图 1-6 所示，单击【退出】按钮。Windows Installer 4.5 也是系统必需的，如缺少也将由安装向导进行安装。图 1-7～图 1-10

是安装向导所示界面。

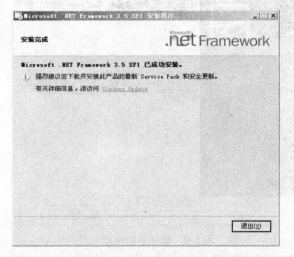

图 1-6　框架安装完成界面

图 1-7　安装向导界面

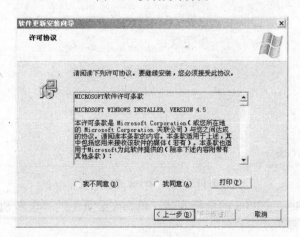

图 1-8　软件更新许可界面

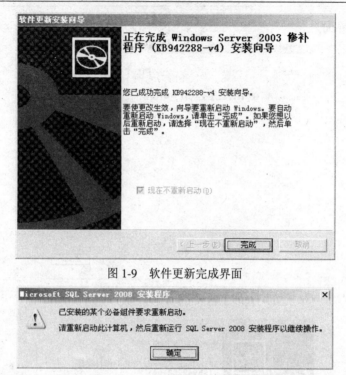

图 1-9　软件更新完成界面

图 1-10　必备组件安装完成界面

如果此时系统提示重新启动计算机，则重新启动，然后再次启动 SQL Server 2008 setup.exe。当必备组件安装完成后，安装向导会立即启动 SQL Server 安装中心，如图 1-11 所示。

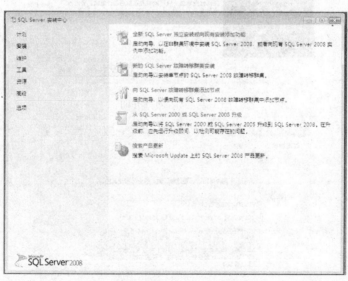

图 1-11　SQL Server 安装中心

若要创建 SQL Server 2008 的全新安装，单击安装页下的"全新 SQL Server 独立安装或向现有安装添加功能"。

接下来安装向导运行规则检查，如图 1-12 所示的规则必须全部通过后单击【确定】按钮，进入下一步操作界面。

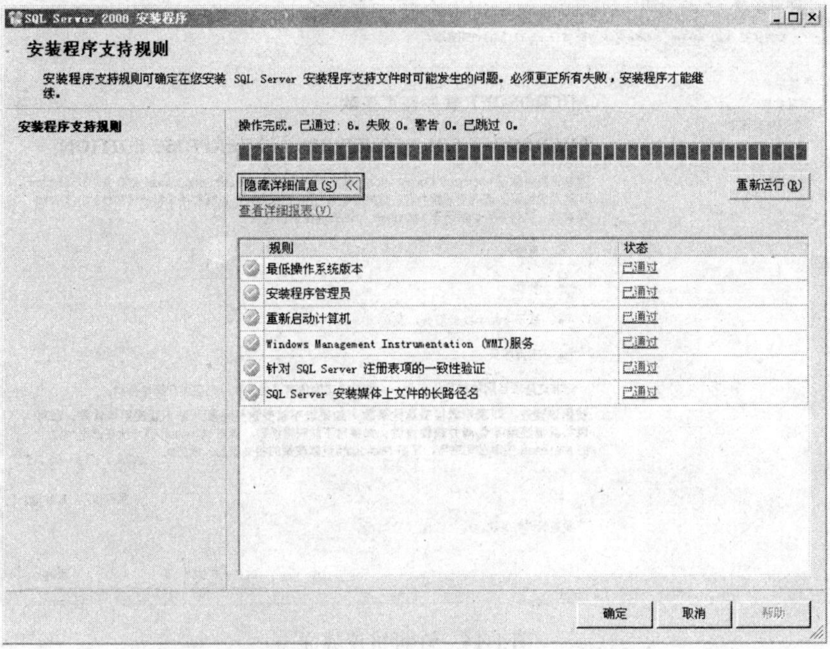

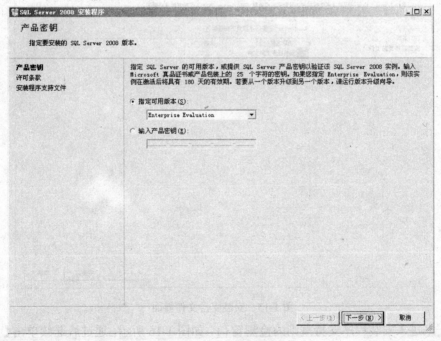

图 1-12 安装程序支持界面

运行到此步骤，如果没有产品密钥可以选择安装评估版(180 天到期)或免费的 Express 版本，如有，输入产品密钥后单击【下一步】按钮，如图 1-13 所示。

图 1-13 规则检查界面

选择"我接受许可协议"，再单击【下一步】按钮，如图 1-14 所示。

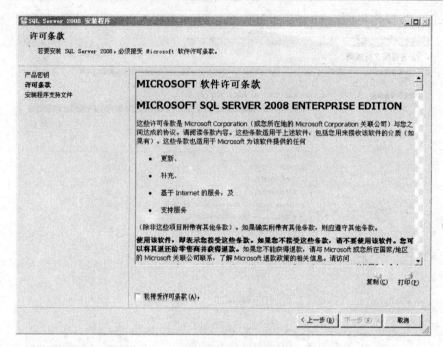

图 1-14　许可协议界面

出现图 1-15 所示界面，单击【安装】按钮继续下一步。

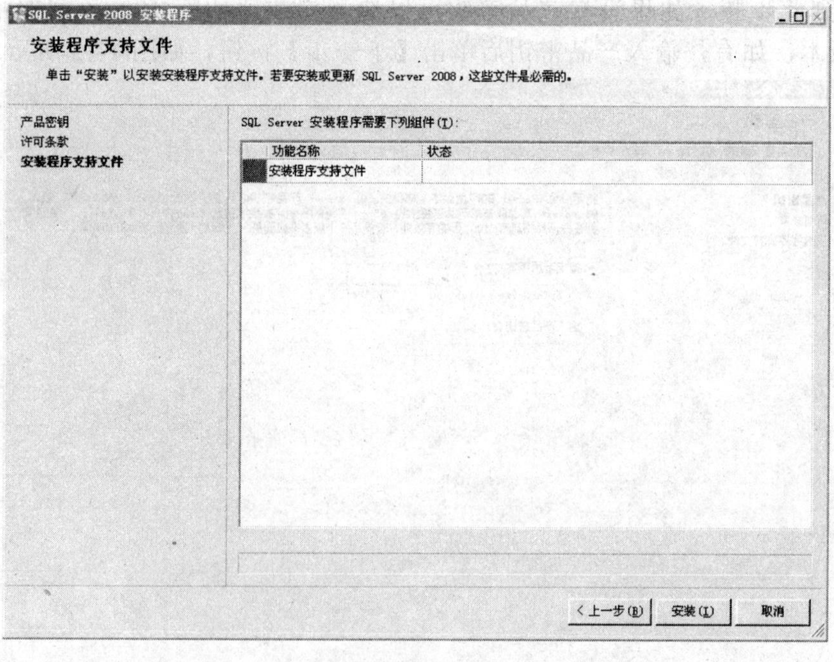

图 1-15　安装支持文件界面

接下来进入安装程序支持规则的检测窗口，如图 1-16 所示，通过后继续单击【下一步】按钮，出现如图 1-17 所示的功能选择界面。

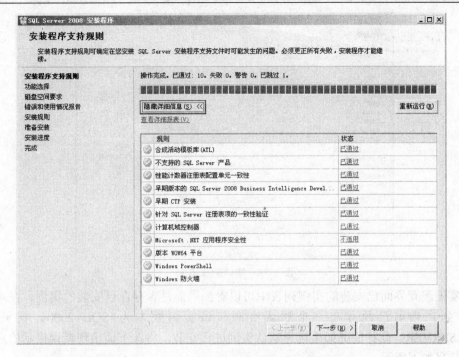

图 1-16　支持文件界面

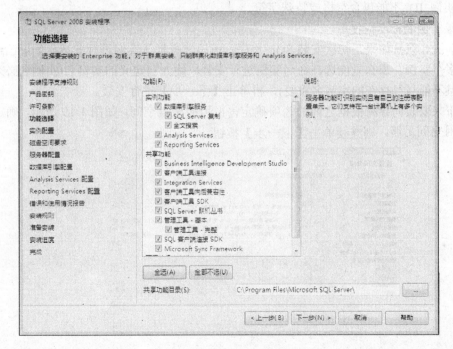

图 1-17　支持规则检测界面

在功能选择界面单击选中需要的功能组件，单击【下一步】进入如图 1-18 所示的实例配置界面。

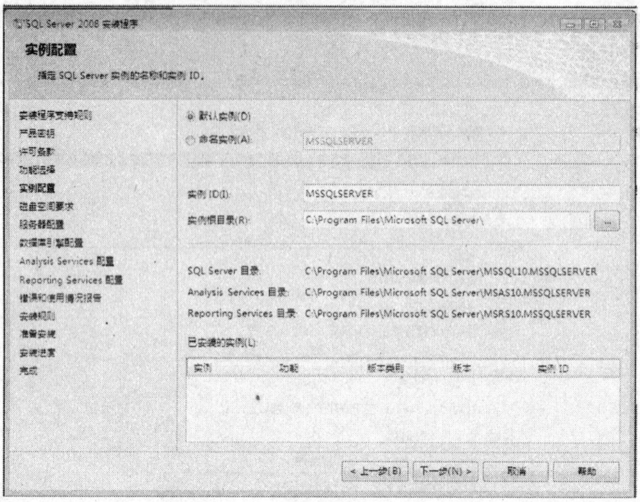

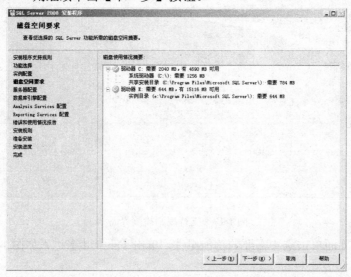

图 1-18　实例配置界面

在实例配置界面已安装的实例列表中可以看到当前是否存在已安装的实例。在本例中可以看到，当前已经存在一个默认实例，该实例版本为 SQL 2000，实例名为 **MSSQLSERVER**。此种情况如果选择默认实例进行安装，将在下面出现错误提示信息，错误提示信息如下所示：

- 实例 ID 不能包含空格或特殊字符。
- 该实例名称已在使用。

当前操作系统如果是初次安装 SQL 程序，可以选择默认实例进行安装，如果已经存在一个或多个实例，那么只能选择命名实例进行安装，输入自定义的实例名(实例名必须符合规范并且不能与已存在的实例名重复)，再单击【下一步】进行安装。

接下来安装向导将根据之前的选项确定需占用的磁盘空间，如图 1-19 所示，确定所选目录空闲空间足够，则继续单击【下一步】按钮。

图 1-19　磁盘空间计算界面

接下来是定义成功安装后，服务器上 SQL Server 服务对应的启动帐户。如图 1-20 所示可以通过单击"对所有 SQL Server 服务使用相同的帐户"按钮，统一指定 SQL Server 服务的启动帐户。单击此按钮后出现图 1-21 所示界面。

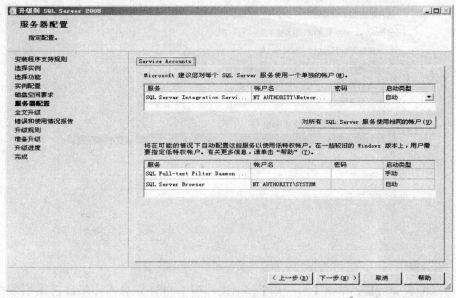

图 1-20　服务器配置界面

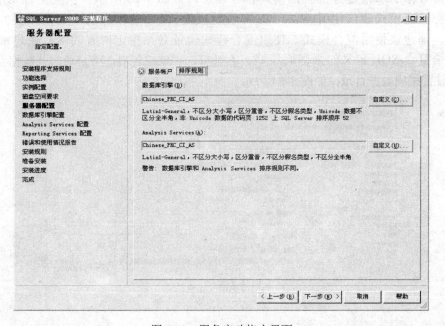

图 1-21　服务启动帐户界面

在图 1-21 所示界面中，单击"排序规则"页签，可以在此处定义数据库引擎的排序规则，默认的排序规则与当前操作系统的区域语言选项要保持一致。因为 K/3 在简体中文、繁体中文、英文三种语言状态下使用要求数据库引擎的排序规则必须为 Chinese_PRC_CI_AS，所以当操作系统的区域语言选项为非简体中文状态时，一定要在此处修改排序规则为 Chinese_PRC_CI_AS。单击"自定义"按钮将弹出规则修改界面,如图 1-22 所示。

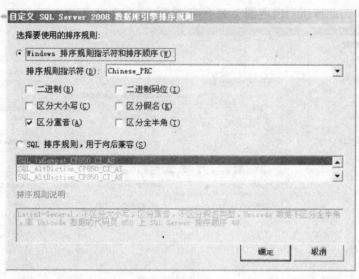

图 1-22　自定义数据库引擎的排序规则

服务器配置完成后,单击【下一步】,出现如图 1-23 所示界面。在数据库引擎配置界面可以为数据引擎指定身份验证模式和管理员,如图 1-23 所示。从安全性角度考虑,一般身份验证模式建议使用 Windows 身份验证模式,而从作为 K/3 数据库服务器的角度考虑,则建议使用混合模式。使用混合模式验证必须指定内置的 SA 帐户密码,此密码必须符合 SQL 定义的强密码策略。在数据库引擎配置界面中,单击"数据目录"选项卡,设置相应数据目录,如图 1-24 所示。

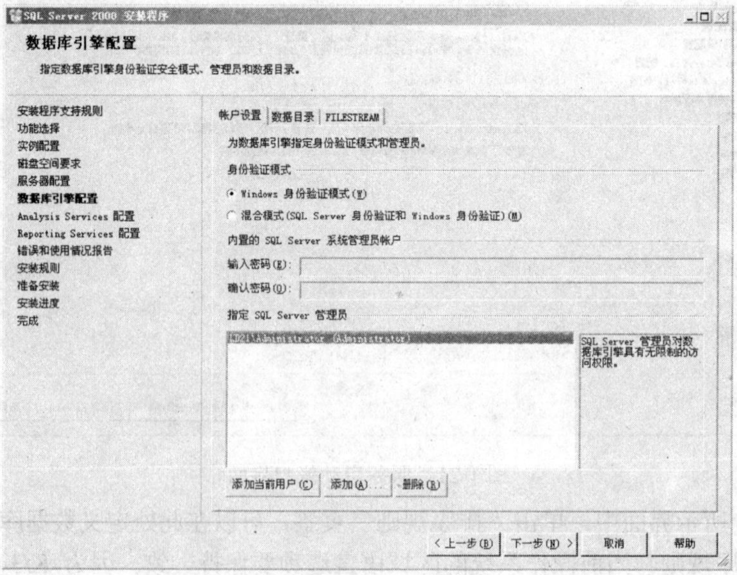

图 1-23　数据库引擎配置

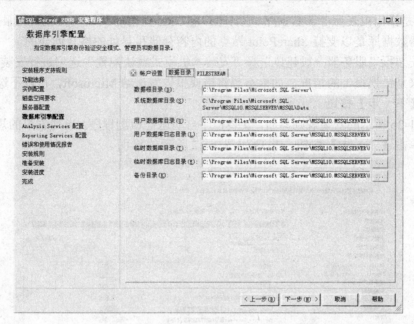

图 1-24　数据库引擎配置中"数据目录"选项

接下来是 Analysis Services 配置界面，与配置数据库引擎类似，指定一个或多个帐户为 Analysis Services 的管理员，再配置好数据目录即可单击【下一步】，如图 1-25 所示。

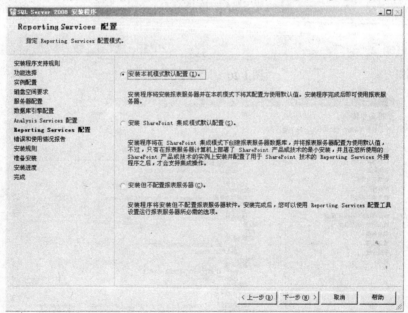

图 1-25　Reporting Services 的配置界面

在Reporting Services 配置界面，若选择"安装本机模式默认配置"，安装程序将尝试使 用默认名称创建报表服务器数据库。如果使用该名称的数据库已经存在，安装程序将失败，必须回滚安装。若要避免此问题，可以选择"安装但不配置服务器"选项，然后在安装完成后使用 Reporting Services 配置工具来配置报表服务器。选择"安装 SharePoint 集成模式默认配置"是指用报表服务器数据库、服务帐户和 URL 保留的默认值安装报表服务器实例。报表服务器数据库是以支持 SharePoint 站点的内容存储和寻址的格式创建的。

初次安装报表服务器一般建议选择"安装本机模式默认配置"选项进行安装。

接下来是错误报告的情况，如果不想将错误报告发送给 Microsoft，可以不选任何选项直接单击【下一步】按钮。

在图 1-26 所示的安装规则界面，安装程序自动运行检测程序，当列表中的规则检测通过之后再单击【下一步】按钮，出现如图 1-27 所示的界面。

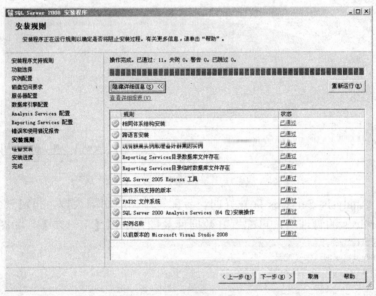

图 1-26　安装规则界面

图 1-27　准备安装界面

　　在图 1-27 所示的准备安装界面，列示出了之前所做的设置以供检查，如果还有待修改选项，可以单击【上一步】按钮，返回修改。如检查无误则点击【安装】按钮，进入图 1-28 所示界面，开始安装。

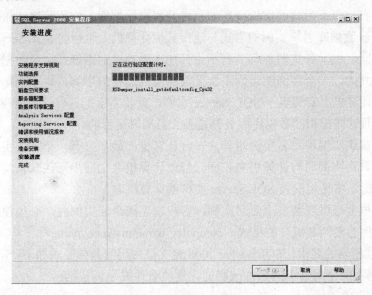

图 1-28　安装进度界面

　　在图 1-28 和图 1-29 所示的安装进度界面可以查看到安装进度及安装结果报告。在本例中，Analysis Services 等三个服务的状态为失败，是因为指定帐户权限不足导致的。这几个服务可以在安装完成后操作系统的后台服务列表中找到，重新指定启动帐户。如果作为 K/3 服务器，这几个服务并不是必须的，所以此处失败的状态也不影响 K/3 系统的正常工作。

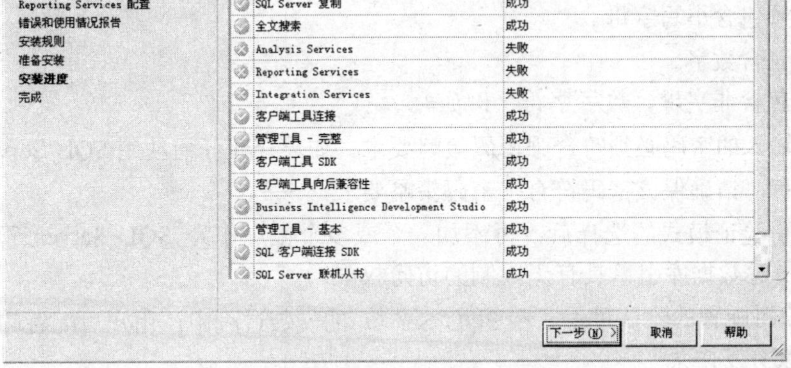

图 1-29　安装结果界面

提示：

（1）实例。所谓的实例，就是一个 SQL Server 数据库引擎。SQL Server 2000 以后的版本支持在同一台计算机上同时运行多个 SQL Server 数据库引擎实例。每个 SQL Server 数据库引擎实例各有一套不为其他实例共享的系统及用户数据库。应用程序连接同一台计算机上的 SQL Server 数据库引擎实例的方式与连接其他计算机上运行的 SQL Server 数据库引擎的方式基本相同。由于各实例各有一套不为其他实例共享的系统及用户数据库，因此各实例的运行是独立的，一个实例的运行不会受其他实例运行的影响，也不会影响其他实例的运行。在一台计算机上安装多个 SQL Server 实例，就相当于把这台计算机模拟成多个数据库服务器，而且这些模拟的数据库服务器是独立且同时运行的。

实例包括默认实例和命名实例两种。一台计算机上最多只有一个默认实例，也可以没有默认实例，默认实例名与计算机名相同，修改计算机名会同步修改默认实例名。客户端连接默认实例时，将使用安装 SQL Server 实例的计算机名。

一台计算机上可以安装多个命名实例，客户端连接命名实例时，必须使用以下计算机名称与命名实例的实例名组合的格式：computer_name\instance_name

（2）定义强密码的要求。SQL Server 2008 定义强密码的具体要求如下：

① 强密码不能使用禁止的条件或字词，这些条件或字词包括：

- 空条件或 NULL 条件。
- "Password"。
- "Admin"。
- "Administrator"。
- "sa"。
- "sysadmin"。

② 强密码不能是与安装计算机相关联的下列字词：

- 当前登录到计算机的用户的名称。
- 计算机名称。

③ 强密码的长度必须多于 8 个字符，并且强密码至少要满足下列四个条件中的三个：

- 它必须包含大写字母。
- 它必须包含小写字母。
- 必须包含数字。
- 必须包含非字母、数字字符，例如#、%或^。

此页上输入的密码必须符合强密码策略要求。如果存在任何使用 SQL Server 身份验证的自动化过程，请确保该密码符合强密码策略要求。

完成身份验证模式的选择后，再添加一个或多个帐户作为 SQL Server 管理员，SQL Server 管理员对数据库引擎具有无限制的访问权限。

（3）用户可配置的默认目录。在 SQL Server 的安装过程中，用户可配置的默认目录、注意事项如表 1-2 所示。

表 1-2　用户可配置的默认目录信息表

说　明	默　认　目　录	建　议
数据根目录	C:\Program Files\Microsoft SQL Server\	SQL Server 安装程序将为 SQL Server 目录配置 ACL 并在配置过程中中断继承
用户数据库目录	C:\Program Files\Microsoft SQL Server\MSSQL10.<实例 ID>\Data	用户数据目录的最佳实践取决于工作量和性能要求。对于故障转移群集安装,应确保数据目录位于共享磁盘上
用户数据库日志目录	C:\Program Files\Microsoft SQL Server\MSSQL10.<实例 ID>Data	确保日志目录有足够的空间
临时数据库目录	C:\Program Files\Microsoft SQL Server\MSSQL10.<实例 ID>\Data	Temp 目录的最佳实践取决于工作量和性能要求
临时数据库日志目录	C:\Program Files\Microsoft SQL Server\MSSQL10.<实例 ID>\Data	确保日志目录有足够的空间
备份目录	C:\Program Files\Microsoft SQL Server\MSSQL10.<实例 ID>\Backup	设置合适的权限以防止数据丢失,并确保 SQL Server 服务的用户组具有写入备份目录的足够权限,不支持对备份目录使用映射的驱动器

在 SQL Server 的安装过程中,还应注意以下事项:

①　向现有安装中添加功能时,不能更改先前安装功能的位置,也不能为新功能指定该位置。

②　如果指定非默认的安装目录,请确保安装文件夹对于此 SQL Server 实例是唯一的。此对话框中的任何目录都不应与其他 SQL Server 实例的目录共享。

下列情况不能安装程序文件和数据文件:

● 在可移动磁盘驱动器上。

● 在使用压缩的文件系统上。

● 在系统文件所在的目录上。

● 在故障转移群集实例的共享驱动器上。

(4) 文件流(FILESTREAM)。SQL Server 2008 推出了一个新的特性叫做文件流(FILESTREAM),它使得基于 SQL Server 的应用程序可以在文件系统中存储非结构化的数据,例如文档、图片、音频、视频等等。文件流主要将 SQL Server 数据库引擎和新技术文件系统(NTFS)集成在一起;它主要以 varbinary(max)数据类型存储数据。在 SQL Server 2008 中,文件流的特性和 varbinary 列配合,用户可以在服务器的文件系统上存储真实的数据,可以在数据库内管理和访问。这个特性让 SQL Server 不仅可以维护好数据库内记录的完整性,也能够维护好数据库记录和外部文件之间的完整性。因为这个特性是在现有的 varbinary(max)数据类型之上实现的,开发人员可以轻易地使用这个特性,不用对应用程序的架构进行改动。

工作任务 2　SQL Server 服务器连接、启动和运行

任务描述

通过本项任务掌握 SQL Server 服务器组的建立、注册、连接、启动、运行和停止等一系列基本操作。

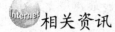

相关资讯

1．创建服务器组

创建服务器组是为了在 SQL Server Management Studio 中登记服务器时可以把服务器加入到 个指定的服务器组中，这样方便管理。

2．服务器的注册与连接

在 SQL Server 管理平台中注册服务器可以存储服务器连接信息，以供将来连接时使用。有三种方法可以在 SQL Server 管理平台中注册服务器：

(1) 在安装管理平台之后首次启动它时，将自动注册 SQL Server 的本地实例。

(2) 可以随时启动自动注册过程来还原本地服务器实例的注册。

(3) 可以使用 SQL Server 管理平台的"已注册的服务器"工具注册服务器。

要和已注册的服务器实现"连接"，则需要使用右键单击一个服务器，指向"连接"，然后单击"对象资源管理器"，如图 1-30 所示。

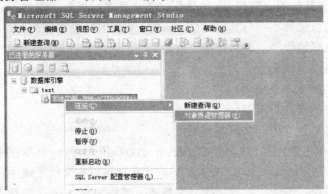

图 1-30　服务器连接

与连接服务器相反的是断开服务器，只要在所要断开的服务器上单击右键，选择"断开"即可。

3．服务器的启动

在 SQL Server 管理平台中，在所要启动的服务器上单击右键，从弹出的快捷菜单中选择"启动"选项，即可启动服务器。

4. 服务器的暂停、停止

暂停和关闭服务器的方法与启动服务器的方法类似,只需在相应的快捷菜单中选择"暂停(Pause)"或"停止(Stop)"选项即可。

5. 服务器的配置选项设置

使用 SQL Server 管理平台配置服务器的操作方法为:在 SQL Server 管理平台中用右键单击所要进行配置的服务器,从快捷菜单中选择"属性(Properties)"选项,就会出现如图 1-31 所示的对话框,其中可以进行服务器的属性(配置选项)的设置。

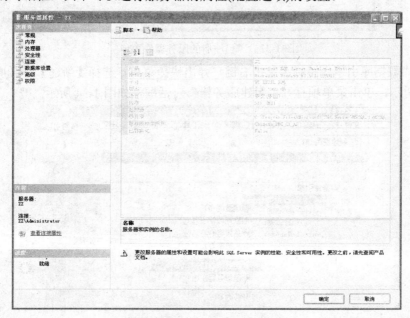

图 1-31 服务器属性对话框

在如图 1-31 所示的服务器属性对话框中共有 8 个选项。这 8 个选项分别是:常规选项、内存选项、处理器选项、安全性选项、连接选项、数据库设置选项、高级选项和权限选项。

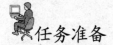

任务准备

一台装有 SQL Server 2008 数据库服务器的电脑,且安装有 SQL Server Management Studio 数据库服务管理平台。

任务实施

【任务 1】 创建服务器组。

操作步骤如下:

① 打开 SQL Server 2008 数据库服务管理平台主菜单,选择【视图】→【已注册的服务器】,打开"已注册服务器窗口",如图 1-32 所示。

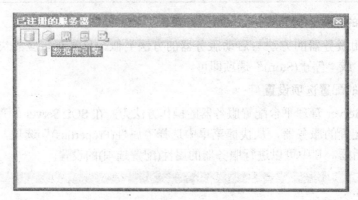

图 1-32　"已注册的服务器"窗口

②　在"数据库引擎"图标上单击右键，弹出快捷菜单，选择【新建】→【服务器组】，如图 1-33 所示，单击菜单项打开"新建服务器"对话框，如图 1-34 所示。

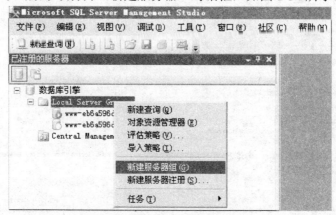

图 1-33　"新建服务器组"菜单

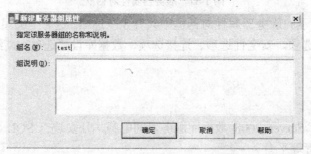

图 1-34　"新建服务器组"对话框

③　在图 1-34 所示"组名"中输入服务器组的名称"test"，然后保存即可。

【任务 2】服务器注册与连接：现将本地 SQL Server 2008 服务器实例注册到服务器组。操作步骤如下：

①　在 SQL Server 2008 数据库服务管理平台的【视图】菜单中，选择【已注册的服务器】菜单项，在出现的"已注册的服务器"窗口中，将在上一子任务中添加的服务器组上弹出的快捷菜单中选择【新建服务器注册...】，如图 1-35 所示，单击菜单项出现如图 1-36 所示的对话框。

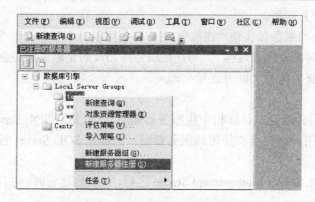

图 1-35　打开"服务器注册"菜单项

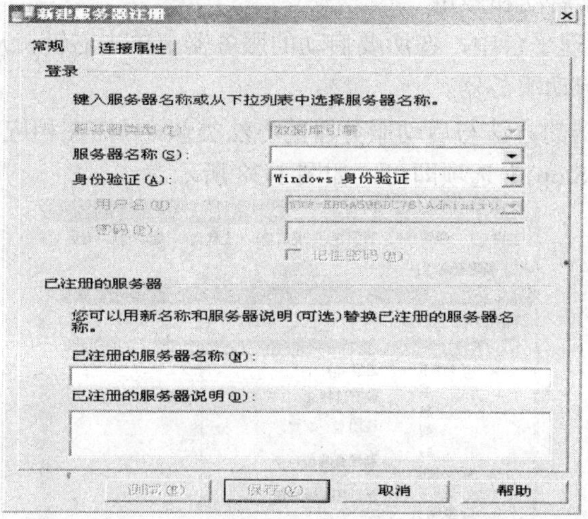

图 1-36　服务器注册常规对话框(一)

② 在"新建服务器注册"对话框的常规选项的服务器名称中选择本地实例名，这里可直接输入"."；在"已注册的服务器名称"框中输入"本地实例"，如图 1-37 所示。

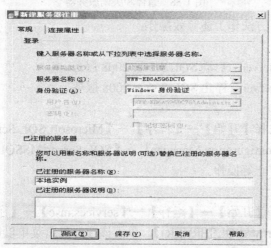

图 1-37　服务器注册常规对话框(二)

③ 单击【保存】即可。

④ 要和已注册的服务器实现"连接"，则需要使用鼠标右键单击一个服务器，指向"连接"，然后单击"对象资源管理器"。与连接服务器相反的是断开服务器，只要在所要断开的服务器上单击右键，选择"断开连接"即可。

提示：

(1) 断开服务器并不是从计算机中将服务器删除，而只是从 SQL Server 管理平台中删除了对该服务器的引用。需要再次使用该服务器时，只需在 SQL Server 管理平台中重新连接即可。

(2) 在安装 SQL Server Management Studio 之后，首次启动它时，将自动注册 SQL Server 的本地实例。

【任务 3】 服务器启动和停止。

在 SQL Server 管理平台中，在所要启动的服务器上单击右键，从弹出的快捷菜单中选择"启动"选项，即可启动服务器。

暂停和关闭服务器的方法与启动服务器的方法类似，只需在相应的快捷菜单中选择【暂停(Pause)】或【停止(Stop)】选项即可，如图 1-38 所示。

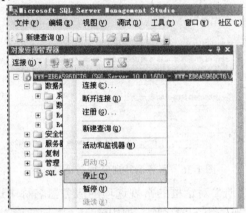

图 1-38　暂停和关闭服务器

另外，还可用如下方法作上述等效操作：

(1) 通过命令。

① net start mssqlserver：启动 SQL Server 2008 服务。

② net stop mssqlserver：停止 SQL Server 2008 服务。

(2) 通过配置工具。

单击鼠标右键，选择【开始】→【程序】→【Microsoft SQL Server 2008】→【配置工具】→【SQL Server Configuration Manager】→【SQL Server(MSSQLSERVER)】，弹出菜单以后，可进行启动、停止等操作。

(3) 通过服务控制台。

单击鼠标右键选择【开始】→【运行】→【services.msc】→【服务控制台】，从服务列表中找到【SQL Server(MSSQLSERVER)】，单击该项，弹出菜单以后，可进行启动、停止等操作。

工作任务 3 SQL Server 的常用工具

任务描述

Microsoft SQL Server 2008 系统提供了大量的管理工具，通过这些管理工具，可以实现对系统快速、高效的管理。这些管理工具主要包括：SQL Server Management Studio、Business Intelligence Development Studio 和 Database Engine Tuning Advisor。本节将介绍这些工具的主要作用和特点。

相关资讯

1．SQL Server Management Studio

SQL Server Management Studio 是微软管理控制台中的一个内建控制台，用来管理所有的 SQL Server 数据库。它可以使用 Analysis Services 对关系数据库提供集成的管理，其集成工具的主要作用有：

(1) 服务器控制台管理(取代了企业管理器和分析管理器)。

(2) 查询分析(SQL 和 MDX)。

(3) 来自关系引擎和 Analysis Services 的分析事件。

(4) "飞行记录仪"和"捕获重放"功能，可以自动捕获服务器事件，可以有效地进行问题诊断。

"查询编辑器"是以前版本中 Query Analyzer 工具的替代物，与 Query Analyzer 工具不同的是，"查询编辑器"既可以工作在连接模式下，又可以工作在断开模式下。在 SQL Server Management Studio 工具栏中，单击工具栏左侧的【新建查询】按钮就可以打开查询编辑器，如图 1-39 所示，可以在其中输入要执行的 T-SQL 语句，然后单击【执行】按钮，或按 F5 键执行此 T-SQL 语句，查询结果将显示在窗口中。

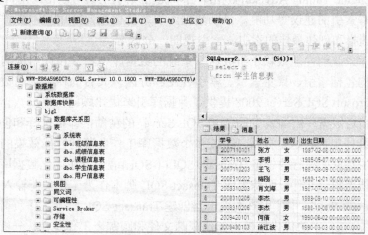

图 1-39 查询编辑器界面

2. Business Intelligence Development Studio

Business Intelligence Development Studio 商业智能开发平台是一个集成的环境，用于开发商业智能构成(如多维数据集、数据源、报告和 Integration Services 软件包)。商业智能开发平台包含了一些项目(ASP.NET、C#、Visual Basic.NET 等)模板，这些模板可以提供开发特定构造的上下文和商业智能应用程序。

单击【开始】→【程序】→【Microsoft SQL Server 2008】→【SQL Server Business Intelligence Development Studio】，如图 1-40 所示。

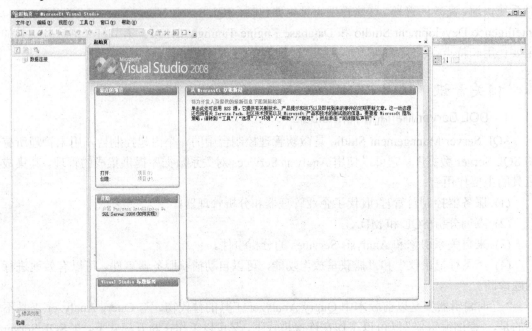

图 1-40　商业开发平台界面

3. Database Engine Tuning Advisor

Database Engine Tuning Advisor(数据库引擎优化顾问)工具可以帮助用户分析工作负荷，提出创建高效率索引的建议等功能。借助数据库引擎优化顾问，用户不必详细了解数据库的结构就可以选择和创建最佳的索引、索引视图、分区等。

企业数据库系统的性能依赖于组成这些系统的数据库中物理设计结构的有效配置。这些物理设计结构包括索引、聚集索引、索引视图和分区，其目的在于提高数据库的性能和可管理性。Microsoft SQL Server 2008 提供了数据库引擎优化顾问，借助数据库引擎优化顾问，用户不必精通数据库结构或 Microsoft SQL Server 的精髓，即可选择和创建索引、索引视图和分区的最佳集合。这是分析一个或多个数据库工作负荷的性能效果的工具。工作负荷是对要优化的数据库执行的一组 Transact-SQL(T-SQL)语句。在优化数据库时，数据库引擎优化顾问将使用跟踪文件、跟踪表或 Transact-SQL 脚本作为工作负荷输入。可以在 SQL Server Management Studio 中使用查询编辑器创建 Transact-SQL 脚本工作负荷。可以通过使用 SQLServer Profiler 中的优化模板来创建跟踪文件和跟踪表工作负荷。分析数据库的工作负荷效果后，数据库引擎优化顾问会提供在 Microsoft SQL Server 数据库中添加、删除或修改物理设计的建议。

若应用程序需要使用多个数据库来完成工作，则我们直接编写的 T-SQL 访问语法，或通过 SQL Trace 机制以及 Profiler 工具程序录制的工作负荷内容，经常会用一句语法访问多个数据库内的对象。"Database Engine Tuning Advisor" 能同时优化多个数据库，这就比以往版本的"索引向导"有用多了。遇到多数据库对象，SQL Server 2008 以前版本的"索引向导"就放弃优化。SQL Server 2008 版本的用户可以在"Database Engine Tuning Advisor"指定要优化的数据库集合，便能对所有使用到且被选取的数据库提出结构上的建议。

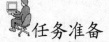

任务准备

一台装有 Windows XP 或 Windows Server 2003 操作系统并装有 SQL Server 2008 的电脑。

任务实施

【任务 1】　启动 SQL Server Management Studio(SQL Server 管理平台)。

操作步骤如下：

① 单击【开始】→【程序】→选择【Microsoft SQL Server 2008】→【SQL Server Management Studio】，打开如图 1-41 所示的界面。

图 1-41　连接到服务器界面

② 在图 1-41 中，在"服务器类型"、"服务器名称"、"身份验证"下拉列表框中输入或选择正确的信息(默认情况下不用选择，因为在安装时已经设置完毕)，然后单击【连接】按钮即可注册登录到 SQL Server Management Studio，如图 1-42 所示。

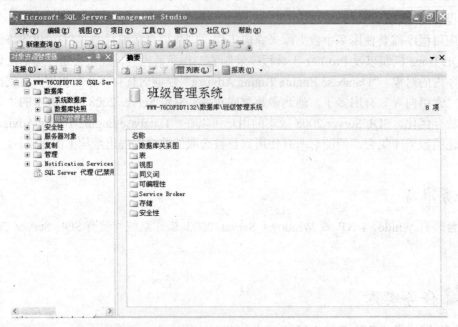

图 1-42   SQL Server Management Studio 主界面

【任务 2】　启动数据库引擎优化顾问的独立图形用户界面。

操作步骤如下：

① 通过单击【开始】菜单上的【程序】→【Microsoft SQL Server 2008】→【性能工具】→【Database Engine Tuning Advisor】(数据库引擎优化顾问)选项启动数据库引擎优化顾问，第一次启动数据库引擎优化顾问时，该应用程序将显示一个"连接到服务器"对话框，如图 1-43 所示。

图 1-43　"连接到服务器"对话框

② 单击"连接"选项，出现如图 1-44 所示的窗口。

图 1-44　数据库引擎优化顾问

提示：

(1) 也可以通过 SQL Server Management Studio 的【工具】菜单，或者 SQL Server Management Studio 的查询编辑器，或者通过 SQL Server Profiler 的【工具】菜单启动数据库引擎优化顾问。

(2) 命令行实用工具程序 dta.exe，用于实现数据库引擎优化顾问在软件程序和脚本方面的功能。

(3) 当 SQL Server 以单用户模式运行时，不要启动数据库引擎优化顾问。当服务器处于单用户模式运行时，将返回错误，并且不会启动数据库引擎优化顾问。

工作任务 4　案例数据库介绍

任务描述

在本教材中为了方便对 Microsoft SQL Server 2008 所涉及的工作任务和知识点的介绍，通常以"班级管理系统"为主线组织。通过对"班级管理系统"数据库中数据表的介绍，方便大家学习 SQL Server 的相关知识。

相关资讯

本书使用的案例是"班级管理系统"数据库，该数据库包含学生信息表、班级信息表、成绩信息表、课程信息表和用户信息表。

(1) 学生信息表有 9 列，依次为：学号、姓名、性别、出生日期、班级编号、电话、入学日期、系别和家庭地址。部分数据如表 1-3 所示。

表 1-3　学 生 信 息 表

学号	姓名	性别	出生日期	班级编号	电话	入学日期	系别	家庭地址
2007110101	张方	女	1987-2-8	071101	2327171	2007-9-1	会计系	NULL
2007110102	李明	男	1985-5-7	071101	2863121	2007-9-1	会计系	NULL
2007110203	王飞	男	1987-8-9	071102	2903867	2007-9-1	会计系	NULL
2008310202	梅刚	男	1988-12-1	083102	2031821	2008-9-1	计算机系	NULL
2008310203	肖文海	男	1987-7-20	083102	2831269	2008-9-1	计算机系	NULL
2008310205	李杰	男	1989-9-10	083102	2866216	2008-9-1	计算机系	NULL
2008310206	李杰	男	1988-10-8	083102	NULL	2008-9-1	计算机系	NULL
2009420101	何倩	女	1990-6-2	094201	NULL	2009-9-1	机电系	NULL
2009430103	涂江波	男	1990-3-3	094301	2326153	2009-9-1	机电系	NULL
NULL	NULL	NULL	NULL	NULL	NULL	NULL	NULL	NULL

(2) 班级信息表有 4 列，依次为：班级编号、年级、班主任和教室编号。部分数据如表 1-4 所示。

表 1-4　班 级 信 息 表

班级编号	年级	班主任	教室编号
071101	07	王祥瑞	1401
083102	08	李成	1502
094201	09	吕红	2301
094301	09	张华	2312
NULL	NULL	NULL	NULL

(3) 成绩信息表中有 3 列，依次为：学号、课程编号和成绩。部分数据如表 1-5 所示。

表 1-5　成 绩 信 息 表

学　号	课程编号	成　绩
2007110101	103	90
2007110101	102	76
2007110102	102	79
2007110102	103	68
2008310203	302	77
2008310203	304	80
2009410103	401	70
2009410103	402	80
NULLL	NULL	NULL

(4) 课程信息表有 4 列，依次为：课程编号、课程名称、课程类型和课程描叙。部分数据如表 1-6 所示。

表 1-6　课 程 信 息 表

课程编号	课程名称	课程类型	课程描述
101	管理学	必修课	NULL
102	法律学	选修课	NULL
103	会计学	必修课	NULL
301	LINUX	必修课	NULL
302	SQL Server	必修课	NULL
303	Flash	选修课	NULL
304	网络工程	必修课	NULL
305	ASP.net	必修课	NULL
306	java	选修课	NULL
403	工程制图	必修课	NULL
405	3d　Max	必修课	NULL
NULL	NULL	NULL	NULL

(5) 用户信息表有 4 列,依次为:用户名、用户密码、用户描述和用户权限。部分数据如表 1-7 所示。

表 1-7　用 户 信 息 表

用户名	用户密码	用户描述	用户权限
jdx fhh	jdx	NULL	NULL
jsjxjh	jsj	NULL	NULL
kjxlh	kj	NULL	NULL
NULL	NULL	NULL	NULL

情 境 总 结

本学习情境简要介绍了 SQL Server 2008 的基本概念、数据平台布局和新增功能。详细介绍了 SQL Server 2008 的安装过程和配置;简要介绍了其管理工具 SQL Server Management Studio、Business Intelligence Development Studio、Database Engine Tuning Advisor 的功能和使用。

练 习 题

问答题

1. SQL Server 2008 采用哪两种身份验证模式?

2. 简述 SQL Server 2008 的特性。

3. 如何配置 SQL Server 2008?

学习情境 2　创建与管理数据库

情 境 引 入

　　随着社会的不断发展，现代高校的班级管理过程中有关学生的各种信息成倍增长，管理人员工作负担重、压力大，并且人工管理存在大量的不可控制因素。为了规范和加强班级管理，准备开发一个班级管理系统。为此，需要进行数据库设计，代码实现。

　　创建数据库一个主要的工作职责是设计表，用约束保障数据的完整性。

　　系统投入运行后，还应该对数据库中的数据进行日常维护，其中数据的导入和导出、数据的备份、数据的附加等操作经常使用而且是十分重要的工作。

工 作 任 务 1　创 建 数 据 库

任务描述

　　掌握数据库的常用术语，创建数据库以及为了保障班级管理系统的正常运行，对数据库进行日常维护。

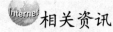

相关资讯

1. 系统数据库介绍

　　一个新的 SQL Server 2008 安装总是包括四个数据库：master、model、tempdb 和 msdb。它也包含第五个"隐藏的"数据库，用户无法使用可以列出所有数据库的一般 SQL 命令来看到它，这个数据库被称为 resource 数据库，它的实际名字是 mssqlsystemresource。

　　master 数据库由一些系统表组成。这些系统表跟踪作为整体的系统安装和随后创建的其他数据库。虽然每个数据库都有一组维护其包含对象信息的系统目录，但是 master 数据库中的一些系统目录还能够保存关于磁盘空间、文件分配和使用、系统层次的配置信息、端点、登录帐号的信息，当前实例上的数据库信息和系统上其他 SQL Server 的存在信息(针对分布式操作)。

model 数据库只是一个模版数据库。每当用户创建一个新的数据库时，SQL Server 都会复制 model 数据库作为新数据库的基础。如果希望每一个新的数据库在创建时都含有某些对象或者权限，可以把这些对象或权限放在 model 数据库中，然后所有的新数据库都会继承它们。也可以使用 ALTER DATABASE 命令来修改 model 数据库的大多数属性，并且新创建的所有数据库将会拥有这些属性。

tempdb 是一个临时数据库，它为所有的临时表、临时存储过程及其他临时操作提供存储空间。tempdb 数据库由整个系统的所有数据库使用，不管用户使用哪个数据库，他们所建立的所有临时表和存储过程都存储在 tempdb 上。每次启动 SQL Server 时，tempdb 数据库就被重新建立。当用户与 SQL Server 断开连接时，其临时表和存储过程自动被删除。

msdb 数据库是代理服务数据库，为报警、任务调度和记录操作员的操作提供存储空间。

mssqlsystemresource 数据库是一个隐藏的数据库，并且通常被称为 resource 数据库。可执行的系统对象都存储在这里，例如系统存储过程和函数。需要注意的是，即使使用所有常规的查看数据库的方法也不能看到这个数据库，

一个数据库会拥有至少两个数据库文件，在数据库被创建或修改时可以指定这些数据库文件。每一个数据库都必须拥有至少两个文件：一个存放数据(也包括索引和分配页面)，另一个存放事务日志。

SQL Server 2008 允许有以下三种类型的数据库文件：

(1) 主数据文件(Primary Database File)。每一个数据库都有一个主数据文件，此文件除了用来存储数据，还能跟踪该数据库中的所有其他文件。通常情况下主数据文件的扩展名是 .mdf。

(2) 辅助数据文件(Secondary Database File)。一个数据库可有一个或多个辅助数据文件，也可没有辅助数据文件。通常情况下，辅助数据文件的扩展名为 .ndf。

(3) 事务日志文件。每个数据库都至少有一个日志文件包含恢复数据库中所有事务所需的信息。通常情况下，日志文件的扩展名为 .ldf。

每个数据库文件在创建时可以指定五个属性：逻辑文件名、物理文件名、初始大小、最大尺寸和成长增量，这些属性的值和关于每个文件的其他信息可以从元数据视图 sys.database_files 中看到，这个视图对数据库用到的每一个文件都包含有一行信息。

2．数据库的结构

数据库的结构可分为逻辑存储结构和物理结构存储。

1) 逻辑存储结构

数据库的逻辑存储结构是指数据库是由哪些性质的信息组成的。SQL Server 的数据库是由表、视图、索引等各种不同的对象所组成，它们分别用来存储特定的信息并支持用来存储特定的功能，从而构成数据库的逻辑存储结构。

SQL Server 2008 的数据库对象主要包括：表、视图、索引、约束等，如表 2-1 所示。

表 2-1　SQL Server 2008 数据库常用对象

数据库对象	说　明
表	用于存储数据，由行和列构成
数据类型	定义列或变量的数据类型
约束	用于保证表中列的数据完整性规则
索引	用于快速查找所需信息
视图	用于实现用户对数据的查询，并能控制用户对数据的访问

2) 物理存储结构

数据库的物理存储结构是讨论数据库文件如何在磁盘上存储的。数据库在磁盘上以文件为单位存储，由数据库文件和事务日志文件组成，一个数据库文件至少应包含一个数据库和一个事务日志文件。

在 SQL Server 2008 中，每个数据库由多个操作系统文件组成，数据库的所有数据、对象和数据库操作日志均存储在这些操作系统文件中。根据这些文件作用的不同，可以将其划分为主数据库文件、次数据库文件和事务日志文件，各文件的作用如表 2-2 所示。

表 2-2　数 据 库 文 件

数据库文件	说　明
主数据库文件	数据库的起点，指向数据库中文件的其他部分，该文件是数据库的关键文件，包含了数据库的启动信息，并且存储部分或全部数据。主文件是必需的，一个数据库有且只有一个主数据库文件，其扩展名为 .mdf，简称主数据文件
次数据库文件	用于存储主文件中未包含的剩余数据和数据库对象，次数据库文件不是必需的，一个数据库可以有一个或多个次数据库文件，也可以没有次数据库文件，其扩展名为 .ndf，简称次数据文件或辅助数据文件
事务日志文件	用于存储恢复数据库所需的事务日志信息，用于记录数据库更新情况的文件。事务日志文件也是必需的，一个数据库可以有一个或多个事务日志文件，其扩展名为 .ldf

创建一个数据库以后，该数据库中至少应包含一个主文件和一个事务日志文件。这些文件的名称是操作系统文件名，它们不能由用户直接使用，只能由系统使用。

采用多个或多重数据库文件来存储数据有以下优点：

(1) 数据库文件可以不断扩充而不受操作系统文件大小的限制。

(2) 可以将数据库文件存储在不同的硬盘中，这样可以同时对几个硬盘进行数据存取，提高了数据处理的效率。

3. 数据库文件组

SQL Server 允许将多个文件归于一组，并赋予一个名称，即为文件组。其目的是提高数据库的查询功能。SQL Server 2008 文件组共有三种：

(1) 主文件组(Primary)：包含主数据文件和任何其他不属于另一个文件组的文件，数据库的系统表都包含在主文件组中。

(2) 用户定义文件组：在建立或修改数据库语句中使用 FILEGROUP 指定的任何文

件组。

(3) 默认的文件组(Default)：用来存放任何没有指定文件组的对象。任何时候只能有一个文件组被指定为 Default，默认情况下主文件组被当作默认的文件组。

一个文件只能存在于一个文件组，一个文件组只能被一个数据库使用。日志文件是独立的，它不作为任何文件组的成员。

可将不同磁盘上的数据文件组成文件组，查询时可并行操作，提高查询效率。

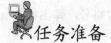
任务准备

一台装有 WindowsXP 或 Windows Server 2003 操作系统以及 SQL Server 2008 软件的电脑。

任务实施

【任务 1】　使用向导创建数据库。

操作步骤如下：

① 启动 SQL Server Management Studio，选择服务器，单击加号 (+) 展开 `WWW-EB6A596DC76 (SQL Server 10.0.1600 - WWW-EB6A596DC76)`，→ 📁 数据库，单击鼠标右键 数据库，弹出如图 2-1 所示的快捷菜单。

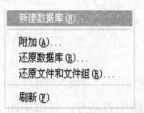

图 2-1　快捷菜单

② 在弹出的快捷菜单中选择【新建数据库】命令，系统弹出如图 2-2 所示的"新建数据库"对话框。在"数据库名称(N)"文本框中输入新建数据库的名称"班级管理系统"。

图 2-2　"新建数据库"对话框

③ 在"数据库文件(F)"选项中，设置文件属于的文件组、数据库文件类型、文件初始大小，如图 2-3 所示。

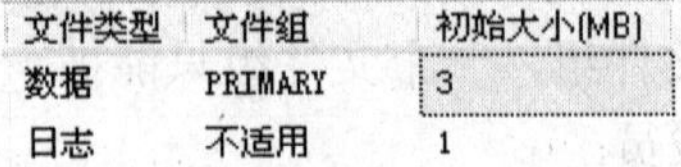

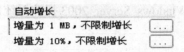

文件类型	文件组	初始大小(MB)
数据	PRIMARY	3
日志	不适用	1

图 2-3　"数据库文件"选项

④ 设置文件增长的方式以及文件容量，如图 2-4 所示，单击图中的省略号，弹出如图 2-5 所示的"更改"设置对话框，从中选择文件增长的方式以及文件容量。

自动增长
增量为 1 MB，不限制增长　　[...]
增量为 10%，不限制增长　　[...]

图 2-4　设置参数

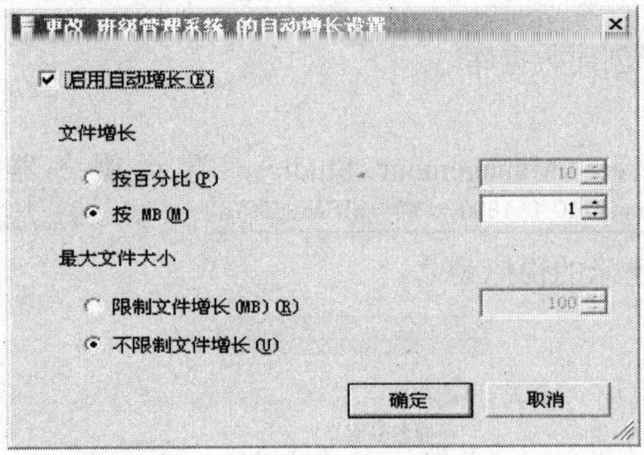

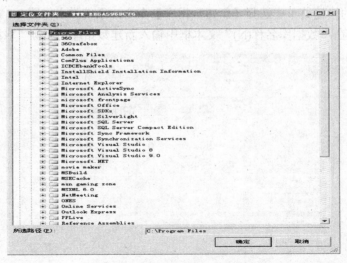

图 2-5　"更改"设置对话框

⑤ 设置文件位置路径。单击图中省略号，弹出如图 2-6 所示的文件存放路径对话框，选择存放文件的位置。

图 2-6　文件存放路径对话框

⑥ 选择左边窗口【选项】选项卡，如图 2-7 所示。在该选项卡内可以设置数据库的一些选项。如覆盖模式以及维护设置等。

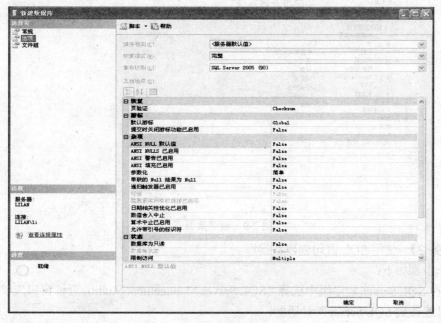

图 2-7　选项对话框

⑦ 选择左边窗口【文件组】选项卡，在该选项卡内可以设置数据库文件所属的文件组，如图 2-8 所示。单击选项卡内的【添加】按钮，可以增添文件组。

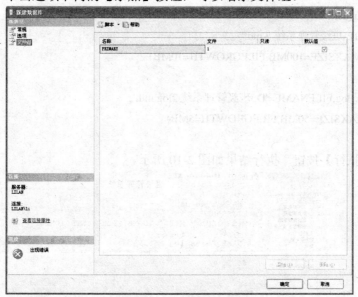

图 2-8　设置数据库文件

⑧ 单击【确定】按钮，系统开始创建数据库，创建完毕后出现系统刚才创建的数据库"班级管理系统"，如图 2-9 所示。

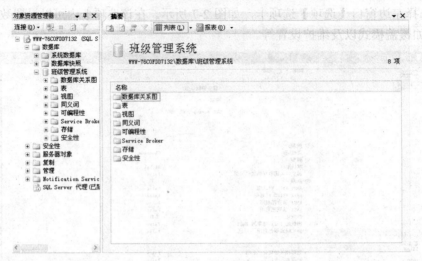

图 2-9　创建数据库

【任务 2】　使用 SQL 语句创建数据库。

操作步骤如下：

① 在 SQL Server 程序组中选择"SQL Server Management Studio 查询窗口"，此时系统显示出"连接到 SQL Server"对话框。

② 在查询窗口中输入以下命令文本：

create database 班级管理系统 2

on

(NAME=mydb_dat,

FILENAME='D:\班级管理系统 2.mdf',

SIZE=10MB,MAXSIZE=100MB,FILEGROWTH=10MB)

LOG ON

(NAME=Sales_log,FILENAME='D:\班级管理系统 2log.mdf',

SIZE=5MB,MAXSIZE=50MB,FILEGROWTH=5MB)

GO

③ 点击【执行】按钮，执行结果如图 2-10 所示。

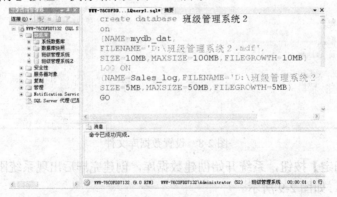

图 2-10　执行结果

【任务 3】　使用 SQL Server Management Studio 修改"班级管理系统"数据库。

操作步骤如下：

① 在 SQL Server Management Studio 中展开指定的服务器结点。

② 展开"数据库"stu 结点。

③ 选中指定的数据库，单击鼠标右键弹出快捷菜单，选择【属性】命令，系统弹出如图 2-11 所示"数据库属性"对话框。

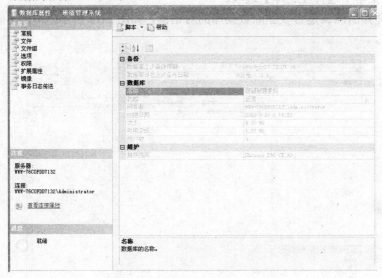

图 2-11　"数据库属性"对话框

④ 选择【文件】选项，可以扩大数据库容量、设置数据库增长方式、设置文件大小是否受限制、增加新的数据文件、文件组选项等。用户可以设置数据库文件所属的文件组、设置数据库的权限、使用扩展属性。

⑨ 修改后，单击【确定】按钮，保存设置即可修改数据库的属性。

【任务 4】　使用 ALTER DATABASE 语句修改数据库结构：将两个数据文件和一个事务日志文件添加到"班级管理系统" 数据库中。

操作步骤如下：

① 在查询窗口中输入以下命令文本：

ALTER DATABASE 班级管理系统 2

ADD FILE

(NAME=Test1, FILENAME='D:\班级管理系统-1.ndf', SIZE = 5MB, MAXSIZE = 100MB, FILEGROWTH = 5MB),

(NAME=Test2, FILENAME=' D:\班级管理系统-2.ndf', SIZE = 3MB, MAXSIZE = 10MB, FILEGROWTH = 1MB)

GO

ALTER DATABASE 班级管理系统 2

ADD LOG FILE (NAME = testlog1, FILENAME=' d:\ 班级管理系统 log 1.ldf', SIZE = 5MB, MAXSIZE = 100MB, FILEGROWTH = 5MB)

GO

② 单击【执行】按钮，修改班级管理系统数据库的结构。

③ 单击【执行】按钮，将两个数据文件和一个事务日志文件添加到 stu 数据库中。

【任务 5】 使用 SQL Server Management Studio 删除数据库。

操作步骤如下：

① 在 SQL Server Management Studio 窗口中，在所要删除的数据库处单击鼠标右键，从弹出的快捷菜单中选择【删除】选项。

② 系统会弹出确认是否要删除数据库的对话框，如图 2-12 所示，单击【确定】按钮则删除该数据库。

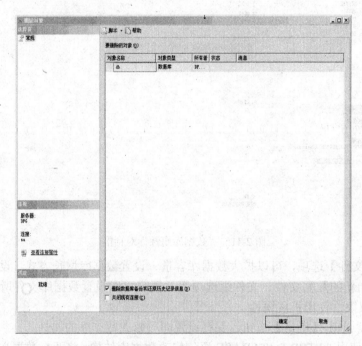

图 2-12　删除数据库

提示：

当数据库处于以下三种情况之一时，不能被删除：

- 当有用户使用此数据库时。
- 当数据库正在被恢复(Restore)时。
- 当数据库正在参与复制时。

【任务 6】 使用 SQL Server Management Studio 删除 stu 数据库。

操作步骤如下：

① 在查询窗口中输入以下命令文本：

```
DROP DATABASE  班级管理系统 2
```

② 单击【执行】按钮，删除 stu 数据库。

提示：

要删除多个数据库时，可在查询窗口输入以下命令后，单击【执行】按钮即可：

```
DROP DATABASE pubs, newpubs
```

工作任务 2　创建与管理表

任务描述

表是包含数据库中所有数据的数据库基本对象，是用于存储和操作数据的一种逻辑结构，表定义为列的集合。用户创建表的方法有两种：第一种，通过 SQL Server Management Studio(SQL Server 管理平台)来创建；第二种，利用 Transact-SQL 语句来创建。创建表(一般要立即输入一些记录)之后，还要管理表，包括修改结构和数据，更名表，删除表等。

相关资讯

1．表的基本概念

在 SQL Server 数据库中，表定义为列的集合。与 Excel 电子表格相似，数据在表中是按行和列的格式排列的。每行代表唯一的一条记录，而每列代表记录中的一个取值范围。例如，在包含学生基本信息的"学生表"中，每一行代表一名学生，各列分别表示学生的详细资料，如学号、姓名、性别、出生日期、入学时间、专业代码、系部代码等。

2．表的设计

开发一个中、大型的数据库管理信息系统，必须按照设计理论与设计规范对数据库进行专门的设计，这样开发出来的管理信息系统才能既满足用户要求，又具有良好的维护性与可扩充性。

设计 SQL Server 数据库表时，要根据数据库逻辑结构设计的要求，确定需要什么样的表，表中包含哪些数据，每一列所包含的数据的类型，数据的长度，哪些列允许空值，哪些列是主键，哪些列是外键，哪里需要索引等。在创建和操作表的过程中，要对表进行更为细致的设计。

SQL Server 表中的数据完整性是通过使用列的数据类型、约束、默认设置或规则等实现的。SQL Server 提供多种强制列中数据完整性的机制，如主键约束、外键约束、唯一约束、检查约束、默认定义、为空性等。

创建一个表最有效的方法是将表中所需的信息一次定义完成，包括数据约束和附加部分。当然也可以先创建一个基础表，向其中添加一些数据并使用一段时间，然后根据需要进行其他部分的添加和定义。这种方法使用户可以在添加各种约束、索引、默认设置、规则和其他数据库对象形成最终设计之前，发现哪些操作或事务最常用，哪些数据经常输入。

在 SQL Server 中创建表有如下限制：

(1) 每个数据库里最多有 20 亿个表。

(2) 每个表上最多可以创建一个聚集索引和 249 个非聚集索引。

(3) 每个表最多可以配置 1024 列。

(4) 每条记录最多可以占 8060B，但不包括 text 字段和 image 字段。

3. 数据库 SQL Server 2008 中的系统数据类型

在设计和创建表时，要对表中的各字段定义数据类型。数据类型可分为数值型、日期时间型、字符型、二进制数据型和其他数据类型。用户还可以根据需要，创建自定义数据类型。

在讨论数值型数据类型之前，先介绍在数据类型中经常使用的三个术语：精度、小数位数和长度。

(1) 精度：指数值型数据可以存储的十进制数字的总位数，包括小数点左侧的整数部分和小数点右侧的小数部分。比如，1230.456 的精度为 7。

(2) 小数位数：指数值型数据小数点右边的数字个数。比如，543.15 的精度是 5，小数位数是 2。

(3) 长度：指存储数据时所占用的字节数。数据类型不同，所占用的字节数就有所不同。有些数据类型拥有固定的长度，而有些数据类型则根据用户的要求来决定长度。比如，real 类型的数据存储时不管数值多大均占用 4 个字节长度，而字符型数据则可根据用户的要求来决定存储数据的长度。

精度和小数位数是针对数值型数据的，但不是所有的数值型数据都能设置精度和小数位。某些数值类型的精度与小数位数是固定的，对这样的数据类型的字段不能设置精度与小数位。

SQL Server 2008 提供了丰富的系统数据类型，常用的数据类型如表 2-3 所示。

表 2-3　常用数据类型

数 据 类 型		可接受的值范围
数值型	bigint	$-2^{63} \sim 2^{63}-1$ 之间的整数值
	int	$-2^{31} \sim 2^{31}-1$ 之间的整数值
	smallint	$-2^{15} \sim 2^{15}-1$ 之间的整数值
	tinyint	$0 \sim 255$ 之间的整数值
	bit	其值为 1 或 0 的整数值
	decimal	固定有效位数及小数字数的数字数据类型，其值为从 $-10^{38}+1$ 到 $10^{38}-1$(decimal 值也可以定义为 numeric，值的范围相同
	money	$-2^{635} \sim 2^{63}-1$ 的货币值，精确度到每单位千分之十
	smallmoney	$-214.7483648 \sim +214748.3647$，精确度到每单位千分之十
	float	$-1.79E+308 \sim 1.79E+308$ 浮点数数字(浮点资料是近似值)
	real	$-3.40E+38 \sim 3.40E+38$ 的浮点数数字(浮点资料是近似值)
日期及时间型	datetime	1753 年 1 月 1 日～9999 年 12 月 31 日的日期时间数据，精确度为 3.33 ms
	smalldatetime	1900 年 1 月 1 日～2079 年 6 月 6 日，精确度为 1 min

续表

数　据　类　型		可接受的值范围
字符型	char	固定长度的非 Unicode 数据，最大长度为 8000 个字符
	varchar	可变长度的非 Unicode 数据，最大长度为 8000 个字符
	text	可变长度的非 Unicode 数据，最大长度为 $2^{31}-1$ 个字符
	nchar	固定长度的 Unicode 数据，最大长度为 4000 个字符
	nvarchar	可变长度的 Unicode 数据，最大长度为 4000 个字符
	ntext	可变长度的 Unicode 数据，最大长度为 $2^{31}-1$ 个字符
二进制型	binary	固定长度的二进制数据，最大长度为 8000 个字节
	varbinary	可变长度的二进制数据，最大长度为 8000 个字节
	image	可变长度的二进制数据，最大长度为 $2^{31}-1$ 个字节
其他数据型	cursor	参照数据指针(数据指针是一个实体，会建立参照到结果集中的某数据列)
	rowversion	数据库层级的唯一数字，每当一数据列更新时，此数字便随之更新(rowversion 数据类型在前一个版本的 SQL Server 中称为 timestamp)
	sql_variant	此数据类型可以存储除 text、ntext、image、rowversion(timestamp)与 sql_variant 以外的各种 SQL Server 支持的数据类型
	uniqueidentifier	全域唯一识别码(GUID)
	xml	存储 xml 数据，可以在列中或者 xml 类型的变量中存储 xml 实例

常用的数据类型有 int、bit、float、decimal、char、vchar、datetime、image 等。

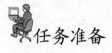

任务准备

一台装有 Windows XP 或 Windows Server 2003 操作系统以及 SQL Server 2008 软件的电脑。

任务实施

【任务 1】　使用 SQL Server 管理平台创建表：在"班级管理系统"数据库中创建"学生信息表"。表结构如表 2-4 所示。

表 2-4　"学生信息表"结构

字段名	数据类型	长度	允许为空	说明
学号	char	10	否	主键
姓名	char	10	否	
性别	char	2	是	
出生日期	smalldatetime	4	是	
系别	varchar	20	是	
班级名	varchar	20	是	

操作步骤如下:

① 启动管理平台,单击数据库"班级管理系统"前面的"+"号展开数据库,然后在"表"项上单击鼠标右键,在出现的快捷菜单中选择【新建表】,如图 2-13 所示,系统将弹出表设计器窗口,如图 2-14 所示。

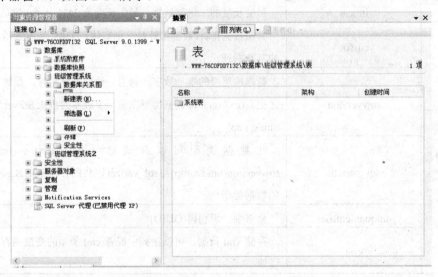

图 2-13　准备新建表

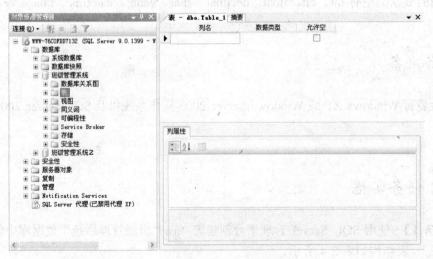

图 2-14　表设计器窗口

②　表设计器窗口的上半部分有一个表格，在这个表格中输入字段的属性。每一行对应一字段，对每一字段都需要进行以下设置，其中必须在"列名"栏中键入字段名称，在"数据类型"栏中选择一种数据类型、需要用户指定长度或精度。

③　表设计器窗口的下半部分是特定字段的详细属性，包括是否使用默认值，是否是标识列，设置精度及小数位数等。

④　设置主键。选中要作为主键的列，并单击工具栏上的【设置主键】按钮(注意：此按钮显示的是一个钥匙图标，当光标在此按钮上停留时，它的提示信息为"设置主键")，或者单击【表设计器】菜单中【设置主键】选项。主键列的前方将显示钥匙标记。设置主键，是为了保证每条记录的唯一性。如果要求表中的一个字段(或多个字段的组合)具有不重复的值，并且不允许为 NULL，则应将这个字段(或字段组合)设置为表的主键。例如，将"学生信息表"中"学号"字段设置为主键。

⑤　在表的各字段属性均编辑完后，单击工具栏上的【保存】按钮，出现如图 2-15 所示的"选择名称"对话框，输入表名，单击【确定】按钮，表就创建好了。创建好的"学生信息表"的表结构如图 2-16 所示。

图 2-15　"选择名称"对话框

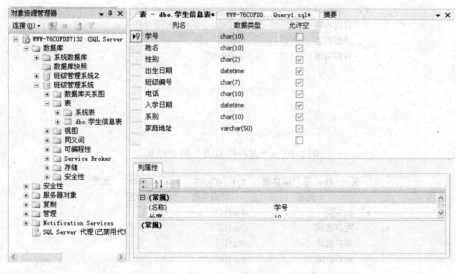

图 2-16　"学生信息表"的表结构

按照上面介绍的方法和步骤，创建"班级信息表"、"成绩信息表"、"课程信息表"和"用户信息"四个表，结构如图 2-17～图 2-20 所示。

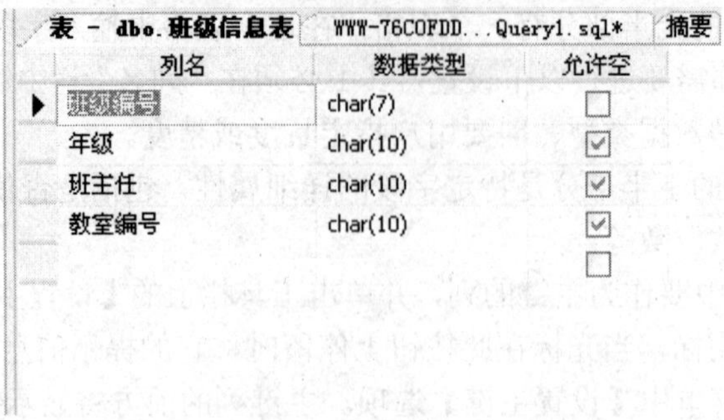

表 - dbo.班级信息表　WWW-76COFDD...Query1.sql*　摘要

列名	数据类型	允许空
班级编号	char(7)	☐
年级	char(10)	☑
班主任	char(10)	☑
教室编号	char(10)	☑

图 2-17　“班级信息表”的表结构

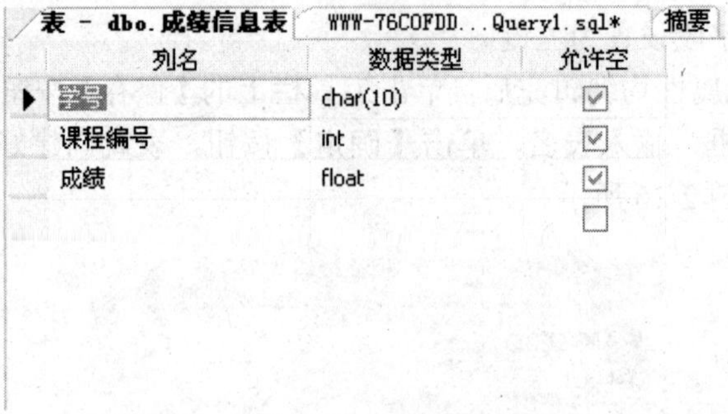

表 - dbo.成绩信息表　WWW-76COFDD...Query1.sql*　摘要

列名	数据类型	允许空
学号	char(10)	☑
课程编号	int	☑
成绩	float	☑

图 2-18　“成绩信息表”的表结构

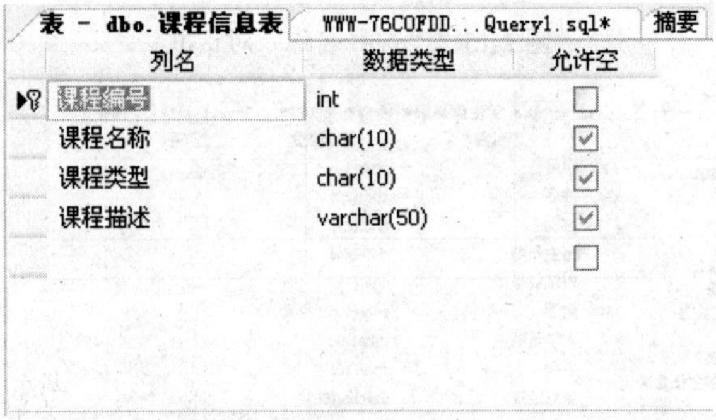

表 - dbo.课程信息表　WWW-76COFDD...Query1.sql*　摘要

列名	数据类型	允许空
课程编号	int	☐
课程名称	char(10)	☑
课程类型	char(10)	☑
课程描述	varchar(50)	☑

图 2-19　“课程信息表”的表结构

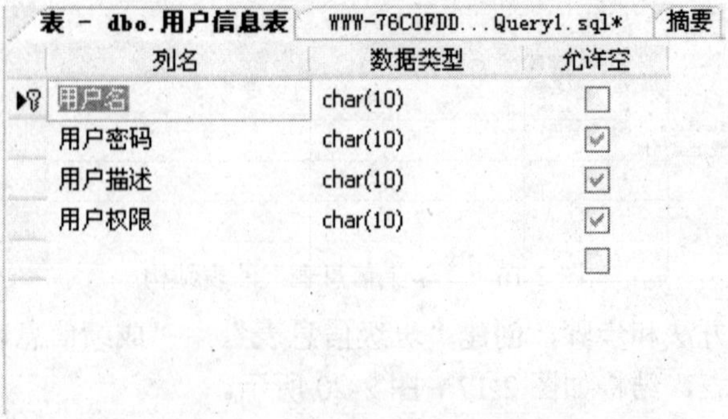

表 - dbo.用户信息表　WWW-76COFDD...Query1.sql*　摘要

列名	数据类型	允许空
用户名	char(10)	☐
用户密码	char(10)	☑
用户描述	char(10)	☑
用户权限	char(10)	☑

图 2-20　“用户信息表”的表结构

【任务 2】 使用 Transact-SQL 语言创建表：使用 CREATE TABLE 语句创建一个比较复杂的"学生信息表 2"

操作步骤如下：

① 在查询窗口中输入以下命令文本：

CREATE TABLE[班级管理系统].[dbo].[学生信息表 2]

[学号][char](10) COLLATE Chinese_PRC_90_CI_AS NOT NULL,

[姓名][char](10) COLLATE Chinese_PRC_90_CI_AS NOT NULL,

[性别][bit] NOT NULL CONSTRAINT[DF_学生信息表 2_性别] DEFAULT ((1)),

[出生日期][smalldatetime] NOT NULL,

[系别][varchar](20) COLLATE Chinese_PRC_90_CI_AS NULL,

[班级名][varchar](20) COLLATE Chinese_PRC_90_CI_AS NULL,

　　　CONSTRAINT [PK_学生信息表 2] PRIMARY KEY CLUSTERED(

[学号] ASC

　　ON [PRIMARY]

　　ON [PRIMARY] TEXTIMAGE_ON[PRIMARY]

② 单击【执行】按钮，利用 Transact-SQL 语句创建表。

【任务 3】 使用 SQL Server 管理平台修改表名。

操作步骤如下：

① 在 SQL Server 管理器的"树"窗格中展开需要更改表名的表所在的数据库，单击"表"结点，则右侧窗格将显示此数据库包含的所有表。

② 找到表单击鼠标右键，如图 2-21 所示，在弹出的快捷菜单上选择【重命名】命令，然后在表名位置上输入新的表名，按下回车键即完成对表名的修改。

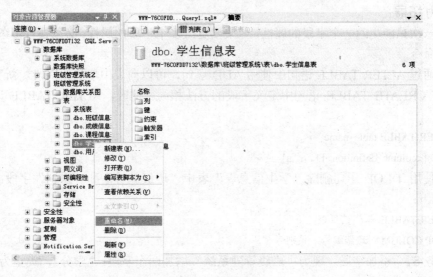

图 2-21　表的重命名

能力拓展：

(1) 增加字段。当已有表中需要增加项目时，就要向表中增加字段。在 SQL Server 管理器的"树"窗格中展开需要增加字段的表所在的数据库，单击"表"结点，则右窗格将显示此数据库包含的所有表。在需要增加字段的表上单击鼠标右键，在弹出的快捷菜单上选择【设计表】命令，则出现设计表窗口。在窗口中单击第一个空白行，输入列名、数据类型、长度及允许空等项内容。若要在一个现有字段前面插入一个新字段，请用鼠标右键单击这个字段所在的行，然后从弹出的快捷菜单中选择【插入列】命令，使此行上面产生一个空行，用户在此空行中就可定义新的字段。用上面两种方法，可以向表中添加多个字段。注意，修改后要保存表。

(2) 删除字段。被删除的字段是不可以恢复的，所以在删除之前要慎重考虑。在 SQL Server 管理器中找到需进行删除字段的表，在其上单击鼠标右键，然后在弹出的快捷菜单上选择【设计表】命令，将出现设计表窗口。在需删除的字段名所在的行上单击鼠标右键，在弹出的快捷菜单中选择【删除列】命令，则该字段即被删除。

(3) 修改已有字段的属性。在表中尚未有记录时，可以修改表结构。但当表中有了记录后，建议不要轻易改变表结构，特别不要改变数据类型，以免产生错误。同前面的操作一样，进入设计表窗口后，单击需修改的字段，修改相应的属性，最后保存修改后的表。

【任务 4】 将"班级管理系统"中的"班级信息表"中的字段类型"班主任"的数据类型由 char(10) 改为 char(20)，属性 NULL 改为 NOT NULL。

操作步骤如下：

① 在查询窗口中输入以下命令文本：

USE 班级管理系统

ALTER TABLE 班级信息表

ALTER COLUMN 班主任 char(20)　NOT NULL

② 单击【执行】按钮。

能力拓展：

(1) 一次只能更改一个字段的属性。如果要更改多个字段的属性，必须执行多条 ALTER TABLE 命令。

(2) 通过 ALTER TABLE 语句中使用 ADD 子句，可以向表中增加新字段。新字段的定义方法与 CREATE TABLE 语句中定义字段的方法相同。此时，ALTER TABLE 语句格式如下：

ALTER TABLE table_name

ADD [<colume_definition>] [, …n]

(3) 使用 DROP 子句删除"学生信息表"表中"班级编号"和"系别"字段。删除语句格式如下：

ALTER TABLE 学生信息表

DROP COLUMN 班级编号，系别

【任务 5】 添加字段：现为"班级管理系统"增加两个字段："学分"，类型为 smallint 型；"备注"，类型为 varchar(100)。

操作步骤如下：

① 在查询窗口中输入以下命令文本：

USE 班级管理系统

ALTER TABLE 课程信息表

ADD 学分 smallint，备注 varchar(100)

② 单击【执行】按钮。

【任务6】 使用 SQL Server 管理平台添加数据。

操作步骤如下：

① 启动管理平台，建立与 SQL Server 的连接，展开需要进行操作的表所在的数据库，单击"表"结点，则右侧窗口将出现此数据库所包含的所有表。用鼠标右键单击需要操作的表，在弹出的快捷菜单中选择【打开表】命令，则弹出如图 2-22 所示的窗口。

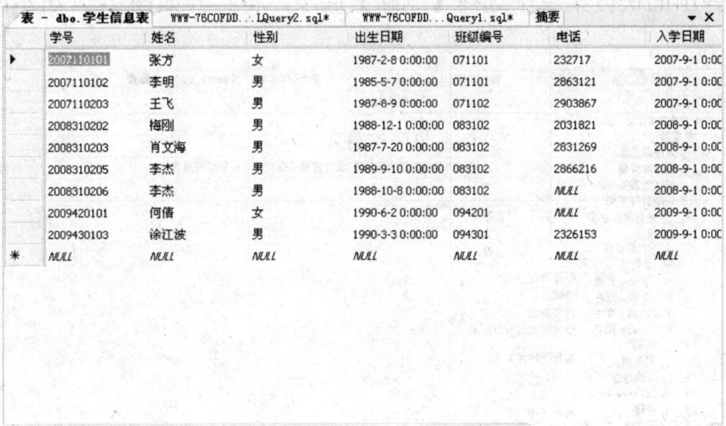

表 - dbo.学生信息表	WWW-76COFDD...LQuery2.sql*		WWW-76COFDD...Query1.sql*	摘要		▼ ×
学号	姓名	性别	出生日期	班级编号	电话	入学日期
▶ 2007110101	张方	女	1987-2-8 0:00:00	071101	232717	2007-9-1 0:00
2007110102	李明	男	1985-5-7 0:00:00	071101	2863121	2007-9-1 0:00
2007110203	王飞	男	1987-8-9 0:00:00	071102	2903867	2007-9-1 0:00
2008310202	梅刚	男	1988-12-1 0:00:00	083102	2031821	2008-9-1 0:00
2008310203	肖文海	男	1987-7-20 0:00:00	083102	2831269	2008-9-1 0:00
2008310205	李杰	男	1989-9-10 0:00:00	083102	2866216	2008-9-1 0:00
2008310206	李杰	男	1988-10-8 0:00:00	083102	NULL	2008-9-1 0:00
2009420101	何倩	女	1990-6-2 0:00:00	094201	NULL	2009-9-1 0:00
2009430103	涂江波	男	1990-3-3 0:00:00	094301	2326153	2009-9-1 0:00
* NULL	NULL	NULL	NULL	NULL	NULL	NULL

图 2-22　操作表数据窗口

② 插入记录是将新记录添加在表尾。

能力拓展：

(1) 用户可以向表中插入多条记录，方法是：将光标定位在当前表尾的下一行，然后逐列输入字段的值。每输入完一个字段的值，按回车(或按光标右移键)键，光标将跳到下一字段，即可继续输入。若当前是表的最后一个字段，则该字段编辑完后按下回车键，光标将跳到下一行的第一列，此时便可增加下一行。

(2) 若表的某个字段不允许为空值，则必须为该列输入值。例如，"课程信息表"中的"课程编号"字段中必须输入数据；而若字段允许为空值，则不输入该字段值，在表中将显示<NULL>字样。

【任务7】 修改记录：利用 SQL Server 管理平台来修改记录。

操作步骤如下：

① 启动管理平台，建立与 SQL Serve 的连接，展开需要进行操作的表所在的数据库，单击"表"结点，则右侧窗口将出现此数据库所包含的所有表。用鼠标右键单击需要操作的表，在弹出的快捷菜单中选择【打开表】命令，将光标定位在要修改的记录字段，然后对该字段值进行修改。

② 用户可以通过光标移动键进行修改，或通过鼠标定位到要修改的字段进行修改。

【任务8】 删除记录：使用 SQL Server 管理平台删除记录。

操作步骤如下：

①　在操作表数据的窗口中将当前光标定位在要被删除的记录行上，此行最前面有一个三角指示符，此时该行反相显示。

②　单击鼠标右键，在弹出的快捷菜单上选择【删除】命令项，此时将出现确认对话框。单击【是】按钮将删除所选择的记录，选择【否】将不删除该记录。删除时也可以通过按"Shift"键来同时删除多条记录。

【任务 9】　使用 SQL Server 管理平台删除表。

操作步骤如下：

①　展开数据库树型目录，在右侧的窗口中用鼠标右键单击要删除的表，如图 2-23 所示。

②　然后在弹出的快捷菜单中选择【删除】选项，将打开如图 2-24 所示的"删除对象"对话框。

图 2-23　选择删除表命令

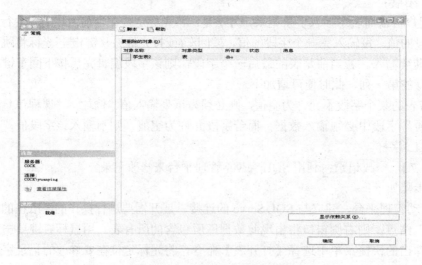

图 2-24　"删除对象"对话框

提示：

如果想查看删除该表后会对数据库的哪些对象产生影响，可以单击【显示依赖关系…】按钮来查看与该表有依赖关系的数据库对象。如果确定要删除该表，则单击【确定】按钮来完成对表的删除。

【任务 10】 使用 Transact-SQL 语句删除表：要删除当前数据库中的"学生信息表 2"(假设当前数据库中有"学生信息表 2")。

操作步骤如下：

① 在查询窗口中输入以下命令文本：

DROP　TABLE　学生信息表 2

② 单击【执行】按钮。

提示：

若要删除另外一个数据库中包含的表，应当在表名前冠以数据库和所有者的名称。

工作任务 3　用约束保障数据的完整性

 任务描述

在数据库中保证数据的完整性是很重要的，实现数据库完整性有 3 种途径：约束、规则和默认，其中约束是用来对用户输入到表或字段中的值进行限制。

相关资讯

1. 数据完整性

数据的完整性是指存储在数据库中的数据正确无误并且相关数据具有一致性。数据库中是否存在完整的数据，关系到数据库系统能否真实地反映现实世界。在关系数据库中，数据完整性可归纳为以下 4 种类型：

1) 实体完整性

"实体完整性"要求表中的每条数据记录都是唯一的个体，也就是每条数据记录必须拥有唯一标识符。唯一标识符是字段中的值，能够用来区别各条数据记录。例如，"学号"可作为学生数据记录的唯一标识符，这样就可以保证学生记录的唯一性。实现实体完整性的方法主要有主键约束、唯一索引、唯一约束和指定 IDENTITY 属性。

2) 域完整性

"域完整性"也可称为列完整性，要求存入字段中的数据值必须符合特定的条件(数据类型、格式以及有效的数据范围)，以及决定字段是否允许接受 Null 值。例如，在"成绩信息表"中，对学生成绩列输入数据时，不能出现字符，也不能输入小于 0 或大于 100 的数值。

3) 引用(通过外键约束)完整性

"引用完整性"涉及两个或两个以上表的数据的一致性维护。当添加、删除或修改数据库表中的记录时，可以借助引用完整性来保证相关联的表之间的数据一致性。例如，在班级管理系统中，如果一个学生的学生证丢失了，需要重新注册一个新的学生证，则应在"学生信息表"表中修改学号。考虑到由于"成绩信息表"表中仍可能有原学生的学生证信息，因此"成绩信息表"和其他相关联的表要进行同步修改，否则其他表中的相关记录就会变

成无效记录。通过引用(外键约束)完整性，可以使几个相关表的学号同时修改。

4) 用户定义完整性

"用户定义完整性"指的是由用户指定的一组规则，它不属于实体、域或引用完整性。例如，想查找到年龄大于 18 岁的学生，可以设置学生信息表中的年龄属性(Age)大于 18 岁。

2. 约束

1) 约束的定义

在 SQL Server 系统中，约束的定义主要是通过 CREATE TABLE 语句或 ALTER TABLE 语句来实现的。使用 CREATE TABLE 语句，是在建立新表的同时定义约束；使用 ALTER TABLE 语句，是向已经存在的表中添加约束。

约束可以是字段级约束，也可以是表级约束。约束的创建方法有两种：使用 CREATE TABLE 语句创建约束和使用 ALTER TABLE 语句创建约束。

2) 约束的类型

在 SQL Server 系统中，对表的属性列(字段)施加的约束可划分为以下五类：

(1) 主键(PRIMARY KEY)约束。PRIMARY KEY(主键)约束。主键约束用来强制数据的实体完整性，它是在表中定义一个主键来唯一标识表中的每行记录。主键约束有如下特点：每个表中只能有一个主键，主键可以是一列，也可以是多列的组合；主键值必须唯一并且不能为空，对于多列组合的主键，某列值可以重复，但列的组合值必须唯一。

一般应在设计阶段就决定将哪些字段创建为主键，因此在创建表的同时就创建主键。若创建表时没有创建主键，以后也可对已有的表创建主键。用户通过 SQL Server 管理平台或 CREATE TABLE 命令都可以创建主键。

(2) 唯一性(UNIQUE)约束。唯一性约束的作用是保证在不是主键的字段上不会出现重复的数据。使用唯一性约束和主键约束都可以保证数据的唯一性，但它们之间有两个明显的区别：

① 一个表只能定义一个主键约束，但可以定义多个唯一性约束。

② 定义了唯一性约束的字段的数据可以为 NULL 值，而定义了主键约束的字段的数据不能为 NULL 值。

如果表除了用主键约束外，还有其他字段也需要进行唯一性的验证，可使用唯一性约束确保单一字段(或多个字段组合后)的值是不重复的。例如，希望系统能帮助验证学号的唯一性，则将"学号"字段设置为唯一性约束即可。

(3) 默认值(DEFAULT)约束。DEFAULT 约束用于指定一个字段的默认值。它的作用是：当向表中插入数据时，如果用户没有给某一字段输入数据，则系统自动将默认值作为该字段的数据内容。

向表中添加数据时，如果没有输入字段值，则此字段的值可能是下面几种情况：

① 此字段定义了默认值，则此字段的内容为默认值。

② 此字段未定义默认值，而且允许为 NULL 值，则 NULL 值将成为该字段的内容。

③ 此字段未定义默认值，也不允许为 NULL 值，保存时将会出现错误信息，而且添加数据操作失败。

对于一个不允许为 NULL 值的字段，默认值显得非常重要。当用户添加数据记录时，如果当时尚不知字段的值，而该字段又不允许为 NULL 值，则设置默认值为上策。比如，"学生信息表"中有"年龄"字段，要求此字段不允许为 NULL 值，但操作员添加新生时不知该新生的年龄，"年龄"字段便没有输入数据。如果不对该字段设置默认值，则保存时将发生错误，而拒绝接收数据；如果设置默认值为"18"，则保存时将默认值"18"作为该字段的内容，而不会拒绝接收数据，待弄清类别后再修改此字段为正确的值。

(4) 外键(FOREIGN KEY)约束。FOREIGN KEY 约束即外键约束，用于维护同一数据库中两表之间的一致性关系。如果希望一个表中的字段(或字段组合)与其他表中的主键字段(或具有唯一性约束的字段，或字段组合)相关，这个字段(或字段组合)就成为前一个表中的外键。外键约束将限制破坏这种关联的操作。

(5) 检查(CHECK)约束。检查约束可以用来限制字段上可以接收的数据值。检查约束使用逻辑表达式来限制字段上可以接收的数据值。检查约束通过检查输入表中字段的的数据值来维护域完整性。比如，在"授课表"中，可以指定"学时数"字段的值必须大于零。这样当插入记录时，若此字段输入了 0 或负数时，插入操作失败，从而保证了表中数据的正确性。

用户可以在一个字段上使用多个检查约束，也可以在表上建立一个可在多个字段上使用的检查约束。

任务准备

一台装有 Windows XP 或 Windows Server 2003 操作系统以及 SQL Server 2008 软件的电脑。

任务实施

【任务 1】　通过管理平台创建主键约束。

若对将要创建的表创建主键，步骤如下：

① 启动管理平台，然后在左侧子窗口中展开需要创建主键约束的数据库，再用鼠标右键单击"表"结点，弹出快捷菜单，选择【新建表】命令，则系统弹出如图 2-25 所示的"表设计器"窗口，用户可对此表的结构进行修改。

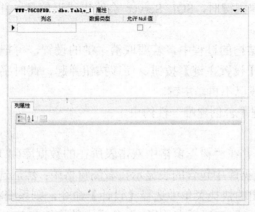

图 2-25　表设计器窗口

　　若对已有表创建主键，则应在左侧子窗口中展开需要创建主键约束的数据库，然后在该数据库下面单击"表"结点，使该数据库中包含的表对象显示在右侧窗格中。选定需要创建主键的表，并单击鼠标右键，从系统弹出的快捷菜单中选择【设计】命令，进入表设计器窗口。

　　② 如果创建单字段的主键，则先将该字段设置成不允许为 NULL 值，然后用鼠标左键单击该字段左侧的行选择器来选取该字段，接着单击工具栏中的【设置主键】按钮，则该字段前面有一个钥匙符号标记，表明此字段已定义为主键。

　　③ 若将多个字段定义为组合主键，则先将这些字段都设置成不允许为 NULL 值，然后按住"Ctrl"键，并在这些字段前的行选择器处依次单击进行多选，接着单击工具栏中的【设置主键】按钮，使得以上字段的前面均有一个钥匙符号标记，表明这些字段已定义为主键。从图 2-26 中可以看到"学生信息表"中的"学号"和"姓名"字段已设置为主键。

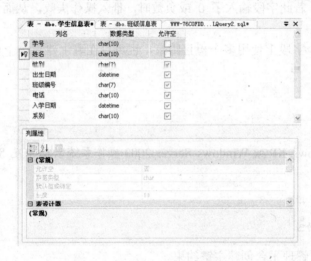

图 2-26　"学生信息表" 2 字段设置为组合主键

提示：

　　当在一个已经存放了数据的表上增加主键时，SQL Server 会自动对表中的数据进行检查，以确保这些数据能够满足主键约束的要求(不存在 NULL 值，不存在重复的值)。当在不符合主键要求的表中创建主键时，SQL Server 会给出错误信息，并且拒绝执行创建主键的操作。

　　在创建表或修改表结构的过程中，若要取消主键的设置，可把光标移到主键字段所在的行，在工具栏上单击【设置主键】按钮，使该按钮弹起，此时字段左侧行选择栏的钥匙标记会消失，表明该字段已不再是主键。

　　【任务 2】　使用管理平台创建唯一性约束。

　　操作步骤如下：

　　① 启动管理平台，并在"树"窗格中双击表所在的数据库("班级管理系统")，然后单击"表"结点，使该数据库中包含的表显示在右侧窗格中；然后选中表("学生信息表")，再单击鼠标右键，在弹出的快捷菜单中选择【设计】命令，则系统将弹出设计表对话框。

　　② 用鼠标右键单击任一字段所在的行，并从弹出的快捷菜单中选择【索引/键...】命令，

在弹出的"索引/键"对话框中，单击【添加】按钮为表创建新索引，如图 2-27 所示。在"常规"下的列表中选择需要设定唯一性约束。

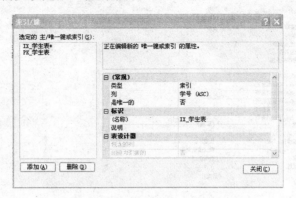

图 2-27　创建唯一性约束

【任务 3】　使用管理平台创建 DEFAULT 约束：在"学生信息表"表中将字段"系别"设置默认值为："不知属哪个系"。

操作步骤如下：

① 启动管理平台，在"树"窗格中点击数据库"班级管理系统"前面的"+"号展开数据库，单击【表】选项则右侧窗格将出现数据库中所包含的表。用鼠标右键单击"学生信息表"，在出现的快捷菜单中选择【修改】命令。

② 在"学生信息表"对话框中将光标定位于"系别"字段，在下面的属性框的"默认值"栏中输入："不知属哪个系"，结果如图 2-28 所示。

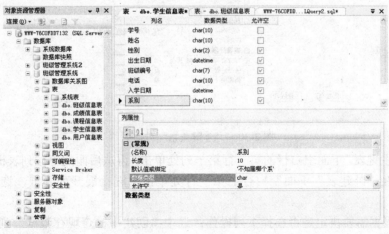

图 2-28　"默认值"设置

【任务 4】　用管理平台创建外键约束：在"班级管理系统"数据库的"学生信息表"和"成绩信息表"中创建外键约束。

操作步骤如下：

① 在管理平台的"树"窗格中双击要创建外键的表所在的数据库，并在该数据库下面双击"表"结点，使该数据库中包含的表显示在右面窗格中。

② 用鼠标右键单击"成绩信息表"，在出现的快捷菜单中选择【修改】命令，将出现

如图 2-29 所示的设计表对话框。

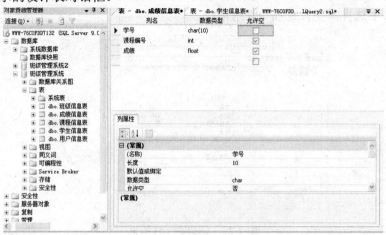

图 2-29 "成绩信息表"设计器窗口

③ 单击图 2-29 中的关系按钮 <img>，出现"外键关系"对话框，单击【添加】按钮，如图 2-30 所示。接着单击【表和列规范…】，进入"表和列"对话框，在"主键表"下选择"学生信息表"，在"外键表"下选择"成绩信息表"。

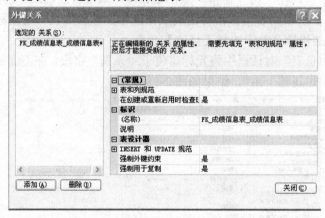

图 2-30 "外键关系"对话框

④ 在"主键表"下面空白行的第一行第一列处单击，再从后面的下拉列表框中选择"学号"字段；在"外建表"下面空白行的第一行处单击，同上展开列表框，选择"学号"字段。

用户可根据需要决定是否选择下列操作：选中"创建中检查现存数据"列时，表示当输入的外键值在主键表中不存在时会出现一个错误信息，即不能创建这个关系。选中"复制强制关系"列时，表示当外键表被复制到其他数据上时，也会应用这个外键约束。选中"对 INSERT 和 UPDATE 规范"时，表示将采用"更新规则"与"删除规则"方法来维护关系表间的引用完整性。

⑤ 完成上述设置后，单击【关闭】按钮结束操作。

提示：

(1) 外键字段与主键字段的数据类型应当匹配，字段长度应当相等，字段名称可以相同也可以不同, 两个表必须位于同一个数据库内。

(2) 具有主键约束或唯一性约束的表为主键表, 另一个则为外键表。

请读者思考以下问题:

(1) 第②步时, 若选择 "学生信息表", 对整个过程的执行有影响吗?

(2) 在操作过程中, 若图 2-29 的 "成绩信息表" 中 "学号" 字段不为空, 第⑤步能正常存盘吗?

【任务 5】 用图表建立外键约束。

操作步骤如下:

① 在 "树" 窗格中选中并展开要建立外键的表所在数据库结点。

② 用鼠标右键单击 "数据库关系图" 结点, 从弹出的快捷菜单中选择【新建数据库关系图】命令, 系统将弹出 "添加表" 对话框, 如图 2-31 所示。

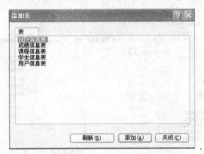

图 2-31 添加表对话框

③ 在该对话框中选择所要建立图表的表, 如 "学生信息表"、"成绩信息表" 和 "课程信息表"。

④ 单击【关闭】按钮, 结束图表的创建, 出现如图 2-32 所示的图表。

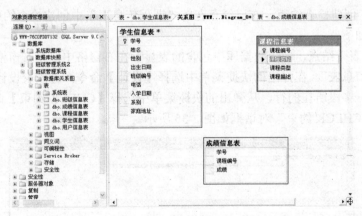

图 2-32 关系图

⑤ 按照事先设计好的各表的主键约束、唯一性约束等, 规划好外键的关系。

⑥ 选中主键表 "课程信息表" 中的 "课程号" 字段, 按住鼠标左键不放, 将其拖到 "成绩信息表", 释放鼠标, 则系统将弹出如图 2-33 所示的 "表和列" 对话框。用户可以在这个对话框中设置外键, 然后单击【确定】按钮, 返回到 "外键关系" 对话框, 在该对话框中设置外键约束的各种特性。

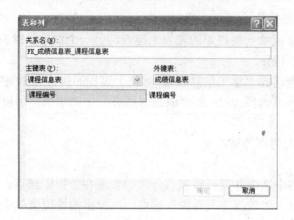

图 2-33　"表和列"对话框设置外键

⑦ 建立好的外键约束如图 2-34 所示。

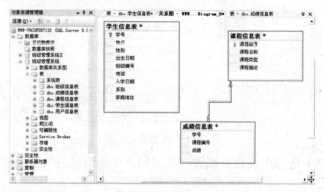

图 2-34　建立好外键关系的图表

【任务 6】　创建检查约束：在已经存在的"课程信息表"中创建检查约束。

操作步骤如下：

① 双击"表"结点，使该数据库中包含的表显示在右窗格中。在右窗格中，用鼠标右键单击"课程信息表"，在弹出的快捷菜单中选择【设计】命令，进入表设计器窗口。用鼠标右键单击任一字段所在的行，从弹出的快捷菜单中选择【CHECK 约束】命令。

② 弹出"CHECK 约束"对话框如图 2-35 所示。

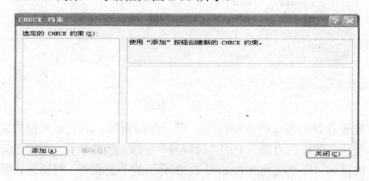

图 2-35　"CHECK 约束"对话框

③ 在"CHECK 约束"对话框中单击【添加】按钮。在"表达式"文本框中输入检查约束的逻辑表达式：学时数>0。

用户可以在"约束名"文本框中输入要设置的检查约束的名字；可以设置"创建中检查现存数据"对现存的数据进行检查；可以设置"对 INSERT 和 UPDATE 强制约束"为否，以使插入或修改数据时，检查约束无效；还可以设置"对复制强制约束"为否，以使在进行数据复制时，检查约束无效。

工作任务 4　日常管理与维护

数据库系统投入运行后，还要求有专门的数据库管理员对数据库中的数据进行日常维护，数据库的日常维护与管理涉及多方面的知识和操作，其中数据的导入和导出、数据的备份、数据的附加等操作是常用且重要的部分。数据的导入/导出是数据库系统与处部进行数据交换的操作。数据备份是数据库系统运行过程中需定期进行的操作，一旦数据库因意外而遭损坏，就必须使用这些备份来恢复数据，数据库的附加用于将数据库附加到其他 SQL Server 服务器中。

子任务 1　备份与还原数据库

任务描述

备份是在某种介质上(磁盘、磁带等)存储数据库(或者其中一部分)的复制，就是记录在进行备份这一操作时数据库中所有数据的状态，以便在数据库遭到破坏时能够及时地将其还原。还原数据库是一个装载数据库的备份，即使数据库被损坏，也可以使用备份来还原数据库。

相关资讯

Microsoft SQL Server 数据库备份可以创建备份完成时数据库内存在的数据的副本，这个副本能在遇到故障时恢复数据库。这些故障包括：媒体故障、硬件故障(例如，磁盘驱动器损坏或服务器报废)、用户操作错误(例如，误删除了某个表)、自然灾害等。此外，数据库备份对于例行的工作(例如，将数据库从一台服务器复制到另一台服务器、设置数据库镜像、政府机构文件归档和灾难恢复)也很有用。

备份设备就是用来存放备份数据的物理设备。当建立一个备份设备时，要给该设备一个逻辑备份名和一个物理备份名。物理备份名是操作系统识别该设备所使用的名字；逻辑备份名是物理备份名的一个别名。备份或还原操作中使用的磁带机或磁盘驱动器称为"备份设备"。

数据库备份后，一旦系统发生崩溃或者执行了错误的数据库操作，就可以从备份文件中还原数据库。数据库还原是指将数据库备份加载到系统中的过程。系统在还原数据库的过程中，自动执行安全性检查、重建数据库结构以及完成填写数据库内容。安全性检查是还原数据库时必不可少的操作。这种检查可以防止偶然使用了错误的数据库备份文件或者不兼容的数据库备份覆盖已经存在的数据库。SQL Server 还原数据库时，根据数据库备份文件自动创建数据库结构，并且还原数据库中的数据。

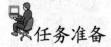
任务准备

一台装有 SQL Server 2008 数据库服务器的电脑，且安装有 SQL Server Management Studio 数据库服务管理平台。

任务实施

【任务1】　创建备份设备。

方法一：　使用 SQL Server 管理平台创建备份设备。

操作步骤如下：

① 在 SQL Server 管理平台中，选择想要创建备份设备的服务器，打开服务器对象文件夹，在备份设备图标上单击鼠标右键，从弹出的快捷菜单中选择【新建备份设备】选项，如图 2-36 所示。

图 2-36　新建备份设备

② 弹出备份设备对话框，如图 2-37 所示。

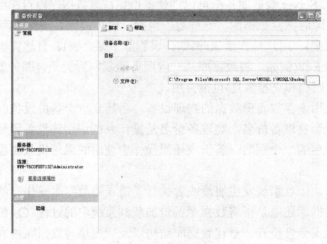

图 2-37　备份设备

方法二：使用 T-SQL 语句创建备份设备。

添加一个名为 mydiskdump 的磁盘备份设备，其物理名称为 d:\sql\test\dump1.bak，代码如下：

```
USE master
EXEC sp_addumpdevice 'disk', 'mydiskdump', 'd:\sql\test\dump1.bak'
```

在查询分析器中，可以使用系统存储过程来添加备份设备。

(1) 基本语法如下：

```
sp_addumpdevice [ @devtype = ] 'device_type'
[, [ @logicalname = ] 'logical_name']
[,[@physicalname = ] 'physical_name']
```

(2) 参数解释如下：

[@devtype =] 'device_type'　备份设备的类型，可以是下列值之一。

disk　硬盘文件作为备份设备。

pipe　命名管道。

tape　由 Microsoft Windows 支持的任何磁带设备。

[@logicalname =] 'logical_name'　备份设备的逻辑名称。

[@physicalname =] 'physical_name'　备份设备的物理名称。

【任务 2】　备份执行。

方法一：使用 SQL Server 管理平台进行备份。

操作步骤如下：

① 在 SQL Server 管理平台中，打开数据库文件夹，右击所要进行备份的数据库图标，在弹出的快捷菜单中选择【任务】选项，再选择备份数据库，如图 2-38 所示

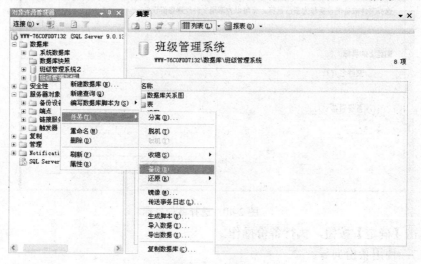

图 2-38　备份进入

② 出现 SQL Server 备份对话框，如图 2-39 所示。图 2-39 中有两个页框，即"常规"和"选项"页框。

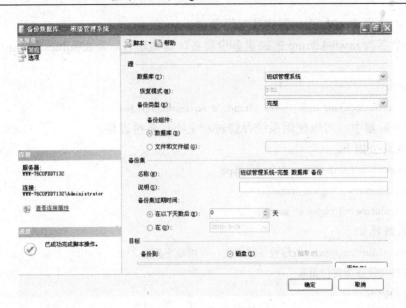

图 2-39　备份选项

③ 选择备份的数据库，输入备份的名字和对备份的描述，选择备份的类型。如果是针对文件或文件组进行备份，可以通过"文件和文件组"右边的按钮来选择要备份的文件或文件组。

④ 单击【添加】按钮选择要备份的设备，如图 2-40 所示。在这个对话框上，用户可以选择事先已经建立好的备份设备，也可以创建新的备份设备。

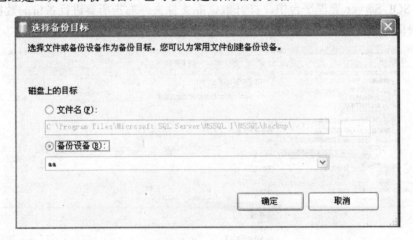

图 2-40　选择备份目标

⑤ 单击【确定】按钮，执行备份操作。

方法二：使用备份向导。

操作步骤如下：

① 在 SQL Server 管理平台中，点击视图菜单中的模板资源管理器。

② 模板资源管理器中的模板是分组列出的。展开"backup"，再双击"backup database"。在"连接到数据库引擎"对话框中，填写连接信息，再单击【连接】。此时将打开一个新查

询编辑器窗口，其中包含"备份数据库"模板的内容，如图 2-41 所示。

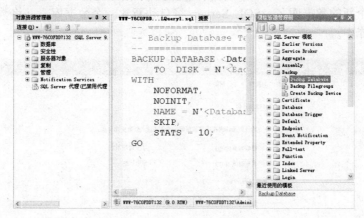

图 2-41　备份数据库模板

③ 按照 backup database 的语法规则，书写数据库备份的 sql 语句，完成后执行此语句，即可完成数据库备份的操作。

如果要将数据库"班级管理系统"备份到备份设备 db.bak 上，使用 WITH FORMAT 子句初始化备份设备。

程序清单如下：

BACKUP DATABASE　学生管理系统

TO DISK=' C:\Program Files\Microsoft SQL Server\MSSQL\BACKUP\xsgl2.bak'

WITH FORMAT

【任务 3】　数据库还原。

操作步骤如下：

① 打开 SQL Server 管理平台，在数据库上单击鼠标右键，从弹出的快捷菜单中选择【任务】选项，再选择【还原】命令，最后选择【数据库】，弹出还原数据库对话框，如图 2-42 所示。

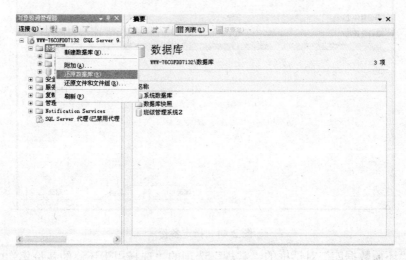

图 2-42　还原数据库的进入

② 在图 2-43"还原目标"中的"目标数据库"下拉列表框中指定要恢复的目标数据库，也可以输入一个新的数据库名，SQL Server 将自动新建一个数据库，并将数据库备份恢复到新建的数据库中。

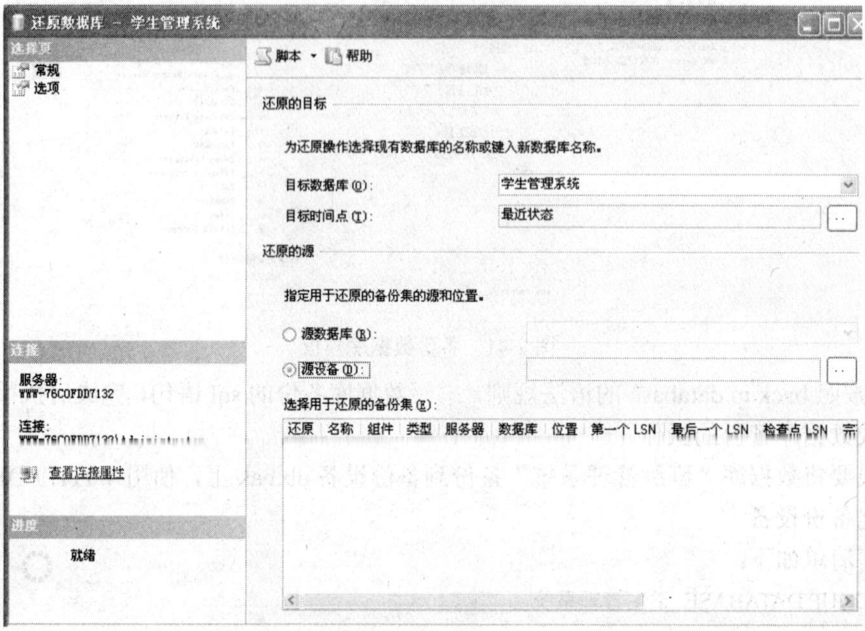

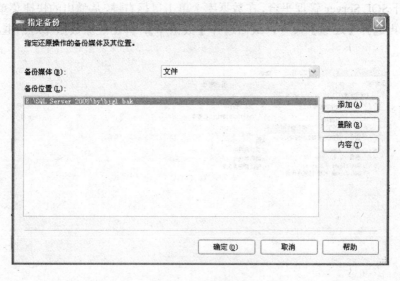

图 2-43 还原数据库

③ 在"还原的源"单选"源设备"，并点击其后按钮进入图 2-44 界面。在备份媒体下拉列表框中，选择文件或设备，然后单击【添加】按钮，添加某一设备或文件作为还原源。

图 2-44 指定备份

④ 在"还原数据库"对话框的"常规"选项的"选择用于还原的备份集"中勾选"还原"选项，再选中"选项"页框，进行其他选项的设置，如图 2-45 所示。

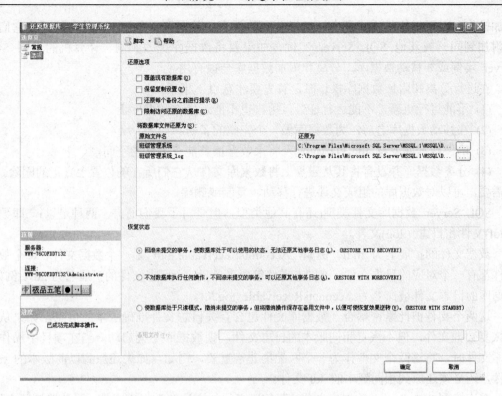

图 2-45   还原数据库选项

⑤ 单击【确定】按钮完成数据库的还原。

提示：

(1) 如果不在"还原数据库"对话框的"常规"选项的"选择用于还原的备份集"中勾选"还原"选项，会出现什么样的问题？

(2) 第⑤步中单击"确定"按钮后，当出现"对数据库'学生管理系统'的还原已成功完成"的提示时，最好等待 10 秒左右单击【确定】按钮，否则，对于比较大的数据库，容易出现表中无记录或记录丢失的现象。

子任务 2   分离和附加数据库

任务描述

分离数据库是将数据库从 SQL Server 数据库引擎实例中删除，但要保留完整的数据库及其数据文件和事务日志文件；附加数据库是附加复制的或分离的 SQL Server 数据库，附加数据库时，数据库包含的全文文件随数据库一起附加。

相关资讯

若数据库创建在 C 盘上，而 C 盘越来越满，需要将数据库移到另外的驱动器上，或者希望将数据库从一个较慢的服务器移到另一个更快的服务器上，通过对数据库进行分离和附加操作，可以很快的完成任务。可以分离数据库的数据和事务日志文件，然后将它们重新附加到同一或其他 SQL Server 实例。如果要将数据库更改到同一计算机的不同 SQL Server 实例或要移动数据库，分离和附加数据库会很有用。

在进行分离和附加数据库操作时，首先要注意以下事项：

(1) 不能进行更新，不能运行任务，用户也不能连接在数据库上。

(2) 在移动数据库之前，为数据库做一个完整的备份。

(3) 确保数据库要移动的目标位置及将来数据增长能有足够的空间。

(4) 分离数据库并没有将其从磁盘上将数据库文件从它们所在的位置上真正的删除。如果需要，可以对数据库的组成文件进行移动、复制或删除。

SQL Server 数据库文件类型(还有其他类型，但是对于我们而言，两种足以)，即数据 (.mdf)文件和日志 (.log)文件。

数据文件的扩展名为 .mdf，例如，AccountsReceivable.mdf 是一个数据文件。每个数据文件都有一个对应的日志文件，该日志文件包含事务日志。日志文件的扩展名为 .ldf。例如，数据库的日志文件被命名为 AccountsReceivable_log.ldf。

这两个文件彼此紧密耦合。数据库文件包含有关日志文件准确版本的信息。如果从备份恢复数据文件，但不恢复相同版本的日志文件，则数据库不会启动。当在项目中操作数据库文件时，将这两个文件作为一个匹配集非常重要。例如，如果还原到以前版本的 .mdf 文件，还必须还原到相同版本的 .ldf 文件。

在连接到 SQL Server 数据库之前，服务器必须知道这些数据库文件。服务器打开文件、验证版本、确保日志文件与数据库文件匹配，然后执行使数据库文件与日志文件同步所需的任何恢复操作。让运行 SQL Server 的服务器知道某个数据库文件的过程称为附加数据库。

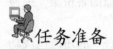

任务准备

一台装有 SQL Server 2008 数据库服务器的电脑，且安装有 SQL Server Management Studio 数据库服务管理平台。

任务实施

【任务 1】 数据库的分离。

操作步骤如下：

① 在 SQL Server Management Studio 对象资源管理器中，连接到 SQL Server Database Engine 的实例上，再展开该实例。

② 展开"数据库"，并用鼠标右键单击要分离的用户数据库的名称。

③ 指向"任务"，再单击【分离】按钮，将显示"分离数据库"对话框，如图 2-46 所示。

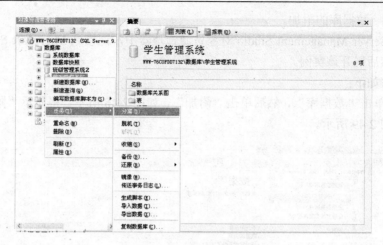

图 2-46　分离数据库的进入

④ "选中要分离的数据库"网格将显示"数据库名称"列中选中的数据库的名称。验证这是否是要分离的数据库。

⑤ 默认情况下，分离操作将在分离数据库时保留过期的优化统计信息；若要更新现有的优化统计信息，请选中"更新统计信息"复选框。

⑥ 默认情况下，分离操作保留所有与数据库关联的全文目录。若要删除全文目录，请清除"保留全文目录"复选框。

⑦ "状态"列将显示当前数据库状态("就绪"或者"未就绪")。如果状态是"未就绪"，则"消息"列将显示有关数据库的超链接信息。当数据库涉及复制时，"消息"列将显示 Database replicated。数据库有一个或多个活动连接时，"消息"列将显示<活动连接数>个活动连接；例如，1 个活动连接。在可以分离数据列之前，必须选中"删除连接"复选框来断开与所有活动的连接。

⑧ 若要获取有关消息的详细信息，请单击超链接。

⑨ 分离数据库准备就绪后，请单击"确定"，如图 2-47 所示。

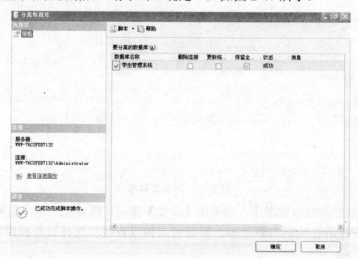

图 2-47　分离数据库

【任务 2】 数据库的附加。

在 SQL Server Management Studio 对象资源管理器中，连接到 Microsoft SQL Server 数据库引擎，然后展开该实例。

操作步骤如下：

① 右键单击"数据库"，然后单击"附加"，如图 2-48 所示，将显示"附加数据库"对话框，如图 2-49 所示。

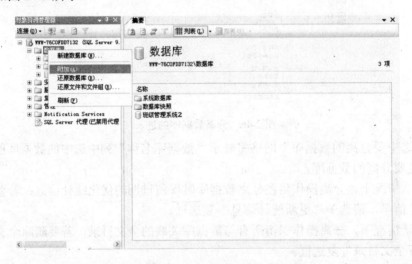

图 2-48   附加数据库的进入

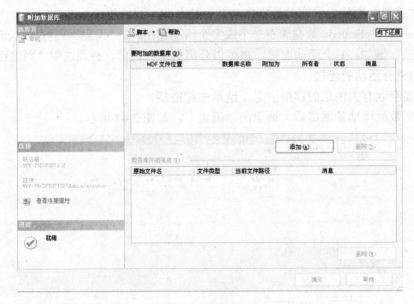

图 2-49   附加数据库

② 若要指定要附加的数据库，请单击【添加】按钮，然后在"定位数据库文件"对话框中选择该数据库所在的磁盘驱动器，展开目录树以查找和选择该数据库的 .mdf 文件。例如：

C:\Program Files\Microsoft SQL Server\MSSQL.1\MSSQL\DATA\.mdf

本示例假设 mytest 数据库以前已分离，如图 2-50 所示。

图 2-50　定位数据库文件

③ 若要指定以其他名称附加数据库，请在"附加数据库"对话框的"附加为"列中输入名称。

④ 通过在"所有者"列中选择其他项来更改数据库的所有者。

⑤ 准备好附加数据库后，单击【确定】按钮。

子任务 3　数据库导入和导出

任务描述

将数据从一种数据环境传输到另一种数据环境就是数据的导入/导出。

相关资讯

导入数据是从 SQL Server 2008 的外部数据源(如 ASCII 文本文件)中检索数据，并将数据插入到 SQL Server 2008 表的过程。导出数据是将 SQL Server 2008 实例中的数据析取为某些用户指定格式的过程，例如，将 SQL Server 2008 表的内容复制到 Access 数据库中。

将数据从外部数据源导入 SQL Server 2008 实例很可能是建立数据库后要执行的第一步。数据导入 SQL Server 2008 数据库后，即可开始使用该数据库。

将数据导入 SQL Server 2008 实例可以是一次性操作，例如将另一个数据库系统中的数据迁移到 SQL Server 2008 实例。在初次迁移完成后，该 SQL Server 2008 数据库将直接用于所有与数据相关的任务，而不再使用原来的系统，不需要进一步导入数据。

导入数据也可以是不断进行的任务。例如，创建了新 SQL Server 2008 数据库，但是数据驻留在旧式系统中，并且该旧式系统由大量业务应用程序进行更新。在这种情况下，可以每天或每周将旧式系统中的数据复制或更新到 SQL Server 2008 实例。

导出数据的发生频率通常较低。SQL Server 2008 提供了多种工具和功能,使应用程序(如 Access 或 Microsoft Excel)可以直接连续并操作数据,而不必在操作数据前先将所有数据从 SQL Server 2008 实例复制到该工具中。但是,可能需要定期将数据从 SQL Server 2008 实例导出。在这种情况下,可以将数据先导出到文本文件,然后由应用程序读取,或者采用特殊方法复制数据。例如,可以将 SQL Server 2008 实例中的数据析取为 Excel 电子表格格式,并将其存储在便携式计算机中,以便在旅行中使用。

SQL Server 2008 提供多种工具用于各种数据的导入和导出,这些数据源包括文本文件、ODBC 数据源、OLE DB 数据源、ASCII 文本文件和 Excel 电子表格。

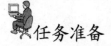
任务准备

一台装有 SQL Server 2008 数据库服务器的电脑,且安装有 SQL Server Management Studio 数据库服务管理平台。

任务实施

【任务 1】 数据库的导出。

"导出"是指将数据从 SQL Server 表复制到数据文件。比如说,将指定数据库导出至 Excel。

操作步骤如下:

① 打开 SQL Server 管理平台,选择服务器,单击"+"展开其内容,从中选取数据库再单击"+"展开其内容,右击某一具体的数据库名,从弹出的快捷菜单中选择【所有任务】→【导出数据】选项,如图 2-51 所示,则会出现数据转换服务导入和导出向导对话框,它显示了导出向导所能完成的操作。

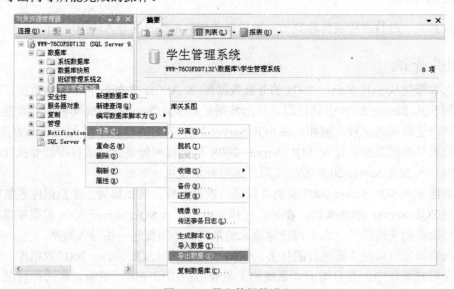

图 2-51　导出数据的进入

② 单击【下一步】按钮，就会出现选择导出数据的数据源对话框，如图 2-52 所示。这里在数据源栏中选择【Microsoft OLE DB Provider for SQL Server】选项，然后选择身份验证模式以及数据库的名称。

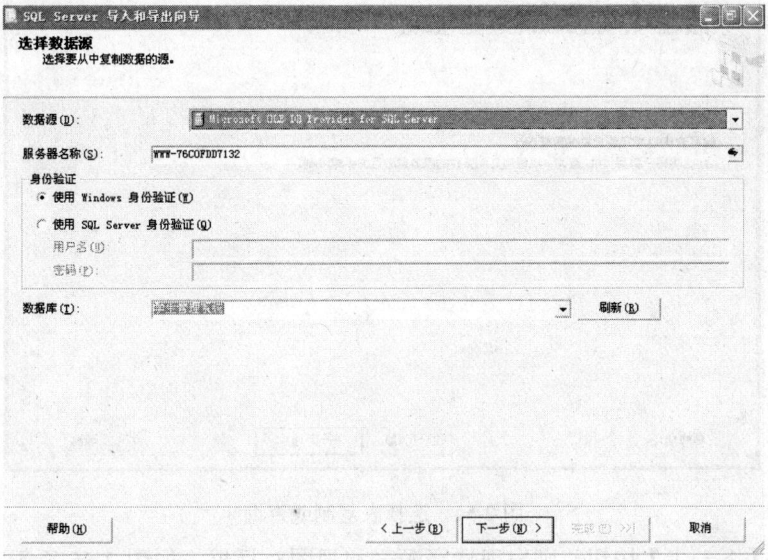

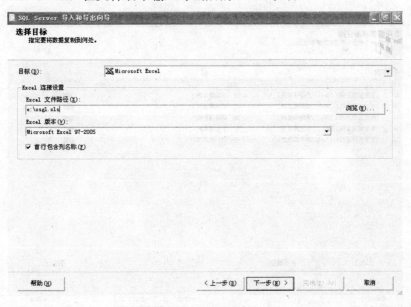

图 2-52 选择数据源

③ 单击【下一步】按钮，则会出现选择目的对话框，如图 2-53 所示。在目标下拉选择框选中 Microsoft Excel，在文件名中输入导出后的 Excel 表名。

图 2-53 选择目标

④ 选定目标数据库后，单击【下一步】按钮，则出现指定表复制或查询对话框，如图 2-54 所示。

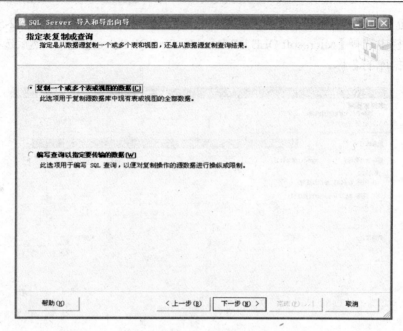

图 2-54　选择表复制或查询

　⑤ 单击【下一步】按钮，则出现选择源表和视图对话框，如图 2-55 所示。其中可以选定将源数据库中的哪些表格或视图复制到目标数据库中，只需单击表格名称左边的复选框，即可选定或者取消删除复制该表格或视图。单击【编辑】按钮，就会出现列映射对话框，如图 2-56 所示。

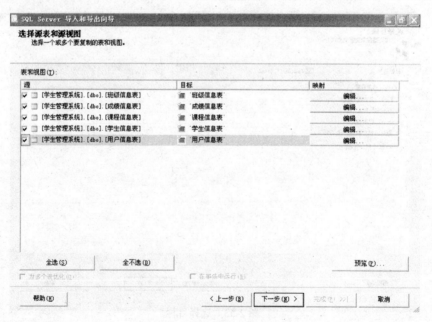

图 2-55　选择源表或视图

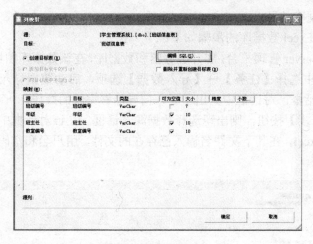

图 2-56　列映射

⑥ 选定某个表格后，单击【预览】按钮，就会出现查看数据对话框，如图 2-57 所示，在该对话框中可以预览表格内的数据。单击【下一步】按钮，则会出现"保存并执行包"对话框。在该对话框中，可以设定立即执行还是保存包以备以后执行。

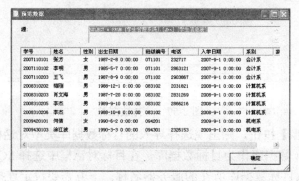

图 2-57　预览数据

⑦ 单击【下一步】按钮，选择"立即执行"，就会出现导出向导结束对话框，如图 2-58 所示。

图 2-58　完成向导

【任务 2】 数据库的导入。

利用向导导入 Excel 数据库的步骤如下：

① 打开 SQL Server 管理平台，展开服务器和数据库，在该数据库图标处单击鼠标右键，从弹出的快捷菜单中选择【任务】→【导入数据】选项，启动数据导入向导工具，就会出现欢迎使用向导对话框，对话框中列出了导入向导能够完成的操作。

② 单击【下一步】按钮，则出现选择数据源对话框。在该对话框中，可以选择数据源类型为 Microsoft Excel，在其下文件名输入已存在的文件、用户名和密码等选项，如图 2-59 所示。

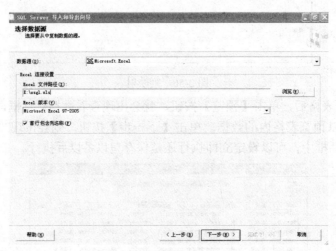

图 2-59 选择数据源

③ 单击【下一步】按钮，则出现选择导入的目标数据库类型对话框，如图 2-60 所示。本例使用 SQL Server 数据库作为目标数据库，在目标对话框中选择 SQL Native Client，在服务器名称框中输入目标数据库所在的服务器名称。下方需要设定连接服务器的安全模式以及目标数据库的名称。设定完成后，单击【下一步】按钮，则如图 2-61 所示。

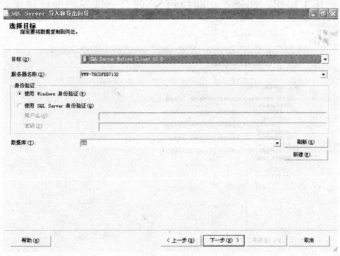

图 2-60 选择数据目标

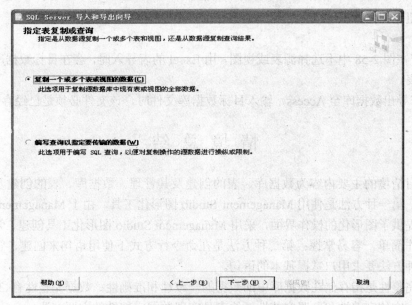

图 2-61　指定表复制或者查询对话框

④ 单击【下一步】按钮，就会出现选择源表和视图对话框，如图 2-62 所示。在该对话框中，可以设定需要将源数据库中的哪些表格传送到目标数据库中去。单击表格名称左边的复选框，可以选定或者取消对该表格的复制。如果想编辑数据转换时源表格和目标表格之间列的对应关系，可单击表格名称右边的【编辑映射】按钮。单击【下一步】按钮，则会出现"保存并执行包"对话框，在该对话框中，可以指定是否希望保存 SSIS 包，也可以立即执行导入数据操作。

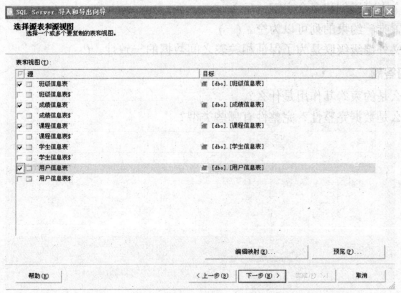

图 2-62　选择源表和视图对话框

⑤ 单击【下一步】按钮，则出现向导完成确认对话框，其中显示了在该向导中进行的设置，如果确认前面的操作正确，单击【完成】按钮后进行数据导入操作，否则，单击【上

一步】按钮返回修改。

提示：

(1) 若在图 2-58 中不选择源表或视图，用 Excel 的表导入时，会在目标数据库中出现两个同样的表。

(2) 若导出数据库至 Access，输入目标数据库文件时，该文件必须是已经存在的。

情 境 总 结

本学习情境的主要内容为数据库、表的创建及其管理。数据库、表的创建及其管理有两种方法：第一种方法是使用 Management Studio 图形化工具，由于 Management Studio 图形化工具提供了图形化的操作界面，采用 Management Studio 图形化工具创建、管理数据库和表，操作简单，容易掌握；第二种方法是在命令行方式下使用语句来创建、管理数据库和表，这种方法要求用户掌握基本的语句。

数据完整性是指存储在数据库中的数据的一致性和准确性。数据完整性有 3 种类型：域完整性、实体完整性和参照完整性。约束是实现数据完整性的主要方法。

练 习 题

一、判断题

1．数据库是用来存放表和索引的逻辑实体。（ ）

2．数据库的名称一旦建立就不能重命名。（ ）

3．一个表可以创建多个主键。（ ）

4．设置唯一约束的列可以为空。（ ）

5．定义外键级级联是为了保证相关表之间数据的一致性。（ ）

二、问答题

1．什么是约束？其作用是什么？

2．什么是数据完整性？完整性有哪些类型？

学习情境 3 操作数据库

情 境 引 入

　　SELECT 语句是 T-SQL 中最重要的一条命令，是从数据库中获取信息的一个基本语句。有了这条语句，就可以实现从数据库的一个或多个表或视图中查询信息。
　　实现数据存储的前提是向表中添加数据；实现表的良好管理则经常需要修改、删除表中的数据。数据操纵实际上就是指通过 DBMS 提供的数据操纵语言 DML，实现对数据库表中数据的更新操作，如数据的插入、删除、修改等。
　　下面将分别对 SELECT 查询命令，INSERT、UPDATE 和 DELETE 等更新命令的功能操作作介绍。

工作任务 1 查 询 数 据

在 SQL SERVER 中找出满足特定条件的记录，以及对这些记录做汇总、统计和排序是最基本和最重要的操作，这些操作统称为"查询"，由 SELECT 语句实现。

子任务 1 简单查询

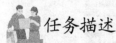 **任务描述**

查询是对存储于 SQL Server 2008 中的数据的请求，通过查询用户可以获得所需要的数据。查询可以通过执行 SELECT 语句实现，也可通过图形界面实现，但它们最后都要将每个查询转换成 SELECT 语句，然后发送到 SQL Server 服务窗口执行。本任务将介绍简单查询的一些基本用法。

相关资讯

1. SELECT 语句的基本语法
SELECT 语句的基本语法格式如下：

```
SELECT 字段列表
[INTO   新表]
FROM  源表
   [WHERE 查找条件]
[GROUP BY 分组的条件表达式]
[HAVING 分组统计条件]
[ORDER BY 排序条件[ASC|DESC]]
```

其中：

SELECT 子句用于指定选择的列或行及其限定；

INTO 子句用于将查询结果集中存储到一个新的数据库表中；

FROM 子句用于指出所查询的表名以及各表之间的逻辑关系；

WHERE 子句用于指定对记录的过滤条件；

GROUP BY 子句用于对查询到的记录进行分组；

HAVING 子句用于指定分组统计条件，要与 GROUP BY 子句一起使用；

ORDER BY 子句用于对查询到的记录进行排序处理。

在这些子句中，只有 SELECT 子句和 FROM 子句是必选项，其他子句均为可选项。

2．SELECT 语句的执行方式

数据的查询可以在 SQL Server 管理平台中执行，也可以在查询分析器中执行，具体方法如下。

1）在 SQL Server 管理平台中执行 SELECT 语句

在 SQL Server 管理平台中，可以使用查询分析器来编写、修改和执行一个 SELECT 语句。若要打开查询分析器窗口，可执行如下操作：启动 SQL Server 管理平台，并在"树"窗格中双击想要查询的表所在的数据库(或点击数据库前面的"+"图标，展开数据库)，并在该数据库下方单击"表"结点。然后在左侧内容窗格中选择所要操作的表，单击鼠标右键，在弹出的快捷菜单中选择【打开表】命令。系统将打开如图 3-1 所示的窗口。

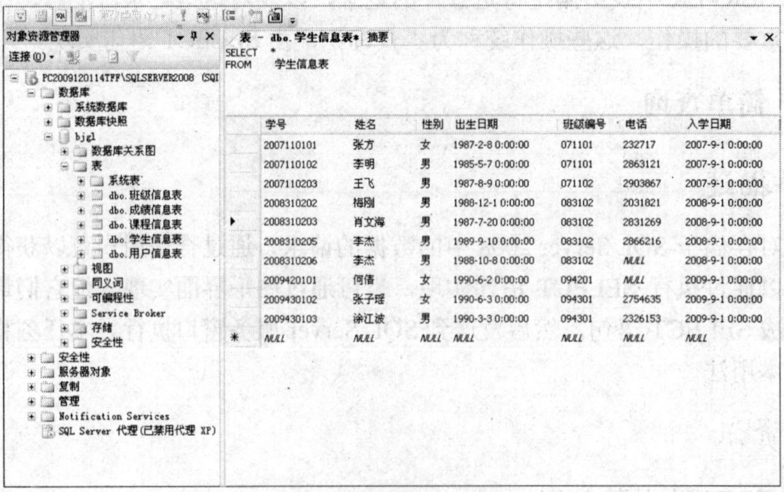

图 3-1　查询分析器窗口

通常情况下，SQL 窗格和结果窗格用得较多。一般在 SQL 窗格中输入 SELECT 语句，然后单击工具栏上的运行按钮【执行】，在结果窗格中即可看到查询结果。

2) 在查询分析器中执行 SELECT 语句

在查询分析器中执行 SELECT 语句时，需要指定所使用的数据库。进入查询分析器后，可用下面两种方法指定数据库：

(1) 在工具栏上，从数据库下拉列表中选择需要使用的数据库。

(2) 在 SQL 窗格中，输入一个语句：

USE 数据库名

注意：如果没有指定所需要的数据库，则在执行 SELECT 语句时就会出现"对象名'×××'"无效的错误，即×××数据表没有找到。

指定数据库后，即可在查询分析器的文本编辑区输入 SELECT 语句。输入语句后并不能立即执行，必须通过选择菜单【查询分析器】→【执行 SQL】命令，或按工具栏上的运行按钮【执行】，才能执行 SELECT 语句。

用户可以将查询分析器中所编写的 SQL 语句保存到一个磁盘文件(.sql)中，以后可以将该查询文件打开调入这些 SQL 语句，这样就避免了重复输入。

3．SELECT 子句

SELECT 子句描述结果集的列，它是一个用逗号分隔的表达式列表。每个表达式通常从中获得数据的源表或视图的列的引用，但也可能是其他表达式，例如常量或 T-SQL 函数。在选择列表中使用"*"表达式指定返回源表中的所有列。

4．FROM 子句

FROM 子句指定需要进行数据查询的表。只要 SELECT 子句中有要查询的列，就必须使用 FROM 子句。其最常用语法如下：

FROM {<源表>} [,...n]

源表：指明 SELECT 语句要用到的表、视图等数据源。

5．WHERE 子句

WHERE 子句是筛选条件，它定义了源表中的行要满足 SELECT 语句的要求所必须达到的条件。只有符合条件的行才向结果集提供数据，不符合条件的行中的数据不会被使用。

在 WHERE 子句使用的条件如表 3-1 所示。

表 3-1 常用的查询条件

查询条件	运 算 符	意 义
比较	>,=,<,>=,<=,!=,<>,!>, !<,NOT+上述运算符	比较大小
确定范围	BETWEEN AND、 NOT BETWEEN AND	判断值是否在范围内
确定集合	IN、NOT IN	判断值是否为列表中的值
字符匹配	LIKE、NOT LIKE	判断值是否与指定的字符通配格式相符
空值	IS NULL、NOT IS NULL	判断值是否为空
多重条件	AND、OR、NOT	用于多重条件判断

1) 比较大小

比较运算符是比较两个表达式大小的运算符。其各运算符的含义是>(大于)，=(等于)，<(小于)，>=(大于或等于)，<=(小于或等于)，!=(不等于)，<>(不等于)，!>(不大于)，!<(不小于)，逻辑运算符 NOT 可以与比较运算符同用，对条件求非。

2) 确定范围

范围运算符 BETWEEN…AND… 和 NOT BETWEEN…AND… 可以查找属性值在或不在指定的范围内的记录。其中 BETWEEN 后是范围的下限(即最小值)，AND 后是范围的上限(即最大值)。语法如下：

　列表达式[NOT] BETWEEN 起始值 AND 终止值

3) 确定集合

确定集合运算符 IN 和 NOT IN 可以用来查找属性值属于或不属于指定集合的记录，运算符的语法格式如下：

　列表达式[NOT] IN(列值 1, 列值 2, 列值 3, …)

4) 字符匹配

在实际的应用中，用户有时候不能给出精确的查询条件。因此，经常需要根据一些不确定的信息来查询。T-SQL 提供了字符匹配运算符 LIKE 进行字符串的匹配运算，实现这类模糊查询。其一般语法格式如下：

　[NOT] LIKE '匹配串'

其含义是查找指定的属性列值与"匹配串"相匹配的记录。"匹配串"可以是一个完整的字符串，也可以是含有通配符"%"和："_"的字符串，其中通配符包括如下 4 种：

(1) %：百分号，代表任意长度(长度可以是 0)的字符串。例如：x%y 表示以 x 开头，以 y 结尾的任意长度的字符串。如 xdy，xdfgy，xy 等都满足该匹配串。

(2) _：下划线，代表任意单个字符。例如 x_y 表示以 x 开头、以 y 结尾的长度为 3 的任意字符串，如：xdy，xay 等。

(3) [ ]：表示方括号里列出的任意一个字符。例如 A[BCD]，表示第一个字符是 A，第二个字符为 B、C、D 中的任意一个，也可以是字符范围，例如 A[B-D]同 A[BCD]的含义相同。

(4) [^]：表示不在方括号里列出的任意一个字符。例如 [^ABC]表示除 A、B、C 三个字母外的任意一个。

5) 涉及空值的查询

一般情况下，表的每一列都有其存在的意义，但有时某些列可能暂时没有确定的值，这时用户可以不输入该列的值，那么这列的值为 NULL。NULL 与 0 或空格是不一样的。空值运算符 IS NULL 用来判断指定的列值是否为空。语法格式如下：

　列表达式 [NOT] IS NULL

6) 多重条件查询

用户可以使用逻辑运算符 AND、OR、NOT 连接多个查询条件，实现多重条件查询。逻辑运算符使用格式如下：

　[NOT] 逻辑列表达式 AND/OR   [NOT] 逻辑列表达式

6. ORDER BY 子句

ORDER BY 子句定义结果集中的行排列的顺序。ORDER BY 子句的语法格式如下：

ORDER BY {列名 [ASC/DESC]}，[，…n]

其中，ASC 表示查询结果按属性列升序显示，DESC 表示查询结果按属性列降序显示，默认为升序。当按多列排序时，先按前面的列排序，如果值相同再按后面的列排序。

通过在 SELECT 语句中使用 TOP 子句，可以查询表最前面的若干条记录。这里分两种情况：如果在 SELECT 语句中没有使用 ORDER BY 子句，则按照录入顺序返回前面的若干条记录；如果使用了 ORDER BY 子句，则按照排序后的顺序返回前面若干条记录。在这种情况下，如果有两条或多条记录中排序字段的值相同，则只显示其中一条记录；如果需要将排序字段值相等的那些记录一并显示出来，则在 SELECT 语句中 TOP 后面添加 WITH TIES 即可。WITH TIES 必须与 TOP 一起使用，而且只能与 ORDER BY 子句一起使用。

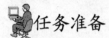 任务准备

一台装有 Windows XP 或 Windows Server 2003 操作系统并装有 SQL Server 2008 的电脑。

 任务实施

【任务 1】　在"学生信息表"中查询所有学生的学号，姓名。

操作步骤如下：

① 在查询窗口中输入以下命令文本：

SELECT 学号,姓名

FROM 　学生信息表

② 单击【执行】按钮，得到结果如图 3-2 所示。

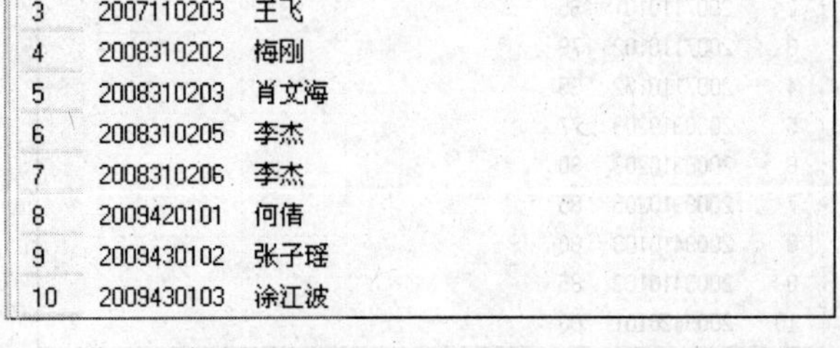

	学号	姓名
1	2007110101	张方
2	2007110102	李明
3	2007110203	王飞
4	2008310202	梅刚
5	2008310203	肖文海
6	2008310205	李杰
7	2008310206	李杰
8	2009420101	何倩
9	2009430102	张子瑶
10	2009430103	涂江波

图 3-2　查询所有学生的学号、姓名

【任务 2】　为结果集内的列指定别名：在"班级管理系统"数据库中将"成绩信息表"中的成绩打四折。

操作步骤如下：

① 在查询窗口中输入以下命令文本：

```
SELECT    学号, 成绩, 成绩 * 0.4 AS 平时成绩
FROM      成绩信息表
```

② 单击【执行】按钮，得到结果如图 3-3 所示。

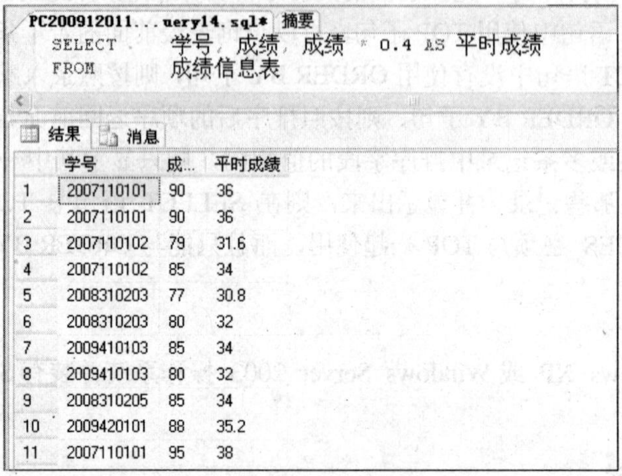

	学号	成...	平时成绩
1	2007110101	90	36
2	2007110101	90	36
3	2007110102	79	31.6
4	2007110102	85	34
5	2008310203	77	30.8
6	2008310203	80	32
7	2009410103	85	34
8	2009410103	80	32
9	2008310205	85	34
10	2009420101	88	35.2
11	2007110101	95	38

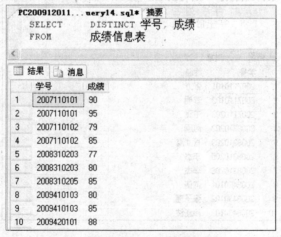

图 3-3　带有别名的查询

【任务 3】用 DISTINCT 消除结果集中重复的记录：查询“成绩信息表”中的“学号”、“成绩”的信息。

操作步骤如下：

① 在查询窗口中输入以下命令文本：

```
SELECT    DISTINCT 学号, 成绩
FROM      成绩信息表
```

② 单击【执行】按钮，得到结果如图 3-4 所示。

	学号	成绩
1	2007110101	90
2	2007110101	95
3	2007110102	79
4	2007110102	85
5	2008310203	77
6	2008310203	80
7	2008310205	85
8	2009410103	80
9	2009410103	85
10	2009420101	88

图 3-4　使用 DISTINCT 筛选的结果

提示：

结果中不会出现“学号”和“成绩”都相同的重复记录，可能有同一学号的多条记录，

但它们的成绩肯定不一样。

【任务 4】 使用 TOP 显示前面有限条记录：查询"学生信息表"中的前 5 条记录，字段为学号和姓名。

操作步骤如下：

① 在查询窗口中输入以下命令文本：

SELECT   TOP 5   学号, 姓名

FROM   学生信息表

② 单击【执行】按钮，得到结果如图 3-5 所示。

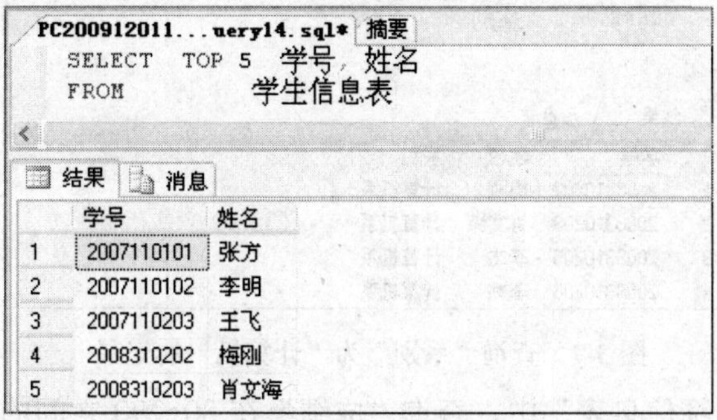

图 3-5 使用 TOP 语句

【任务 5】FROM 子句应用：在"班级管理系统"数据库中查询所有学生的学号，姓名，成绩相关信息。

操作步骤如下：

① 在查询窗口中输入以下命令文本：

SELECT 姓名,课程编号,成绩

FROM   学生信息表 XS   JOIN   成绩信息表 CJ ON XS.学号=CJ.学号

② 单击【执行】按钮，得到结果如图 3-6 所示。

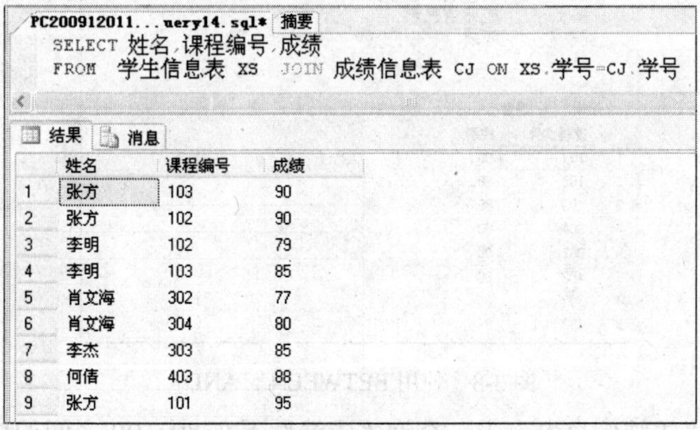

图 3-6 FROM 子句应用

提示：

本例中的 FROM 子句，不仅包含查询结果来源的表，还包含表之间的联接。

【任务 6】 比较大小：在"学生信息表"中查询"系别"为"计算机"的记录。

操作步骤如下：

① 在查询窗口中输入以下命令文本：

SELECT　　　　学号, 姓名, 系别

FROM　　　　　学生信息表

WHERE　　　　（系别 = '计算机系'）

② 单击【执行】按钮，得到结果如图 3-7 所示。

图 3-7　查询"系别"为"计算机"的记录

【任务 7】　在"成绩信息表"中，查询"成绩"在 80～90 之间的成绩，要求只显示课程编号和成绩字段。

操作步骤如下：

① 在查询窗口中输入以下命令文本：

SELECT　　　　课程编号, 成绩

FROM　　　　　成绩信息表

WHERE　　　　成绩 BETWEEN 80 AND 90

② 单击【执行】按钮，得到结果如图 3-8 所示。

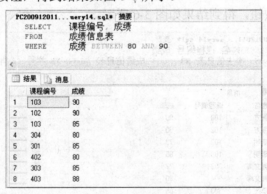

图 3-8　使用 BETWEEN… AND

【任务 8】　在"成绩信息表"中，查询"成绩"不在 80～90 之间的成绩，要求只显示课程编号和成绩字段。

操作步骤如下：

① 在查询窗口中输入以下命令文本：

SELECT　　　　课程编号, 成绩

FROM   成绩信息表

WHERE   成绩 NOT BETWEEN 80 AND 90

② 单击【执行】按钮，得到结果如图 3-9 所示。

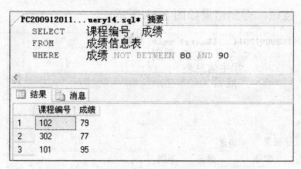

图 3-9   使用 NOT BETWEEN... AND

提示：

在使用 BETWEEN 限制查询数据范围时，同时包括了边界值，而使用 NOT BETWEEN 进行查询时，不包括边界值。

【任务 9】 确定集合：在"学生信息表"中，查询"系别"为"计算机系"和"会计系"的学生，字段包括"学号"、"姓名"、"系别"。

操作步骤如下：

① 在查询窗口中输入以下命令文本：

SELECT 学号,姓名,系别

FROM 学生信息表

WHERE 系别 IN('计算机系','会计系')

② 单击【执行】按钮，得到结果如图 3-10 所示。

图 3-10   使用 IN 筛选的结果

【任务 10】 字符匹配：查询学生信息表中姓"张"的学生信息。

操作步骤如下：

① 在查询窗口中输入以下命令文本：

SELECT　学号,姓名,系别

FROM　　学生信息表

WHERE　姓名 LIKE '张%'

② 单击【执行】按钮，得到结果如图 3-11 所示。

图 3-11　模糊查询

【任务 11】　涉及空值的查询：

在"班级管理系统"数据库中查询所有电话为空的学生信息。

操作步骤如下：

① 在查询窗口中输入以下命令文本：

SELECT *

FROM　学生信息表

WHERE　电话 IS NULL

② 单击【执行】按钮，得到结果如图 3-12 所示。

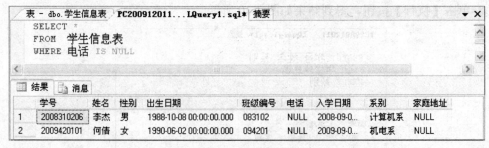

图 3-12　查询空值

【任务 12】　多重条件查询：在"班级管理系统信息表"中，查询机电系的姓张的学生信息。要求输出字段为学号、姓名、系别。

操作步骤如下：

① 在查询窗口中输入以下命令文本：

SELECT　学号,姓名,系别

FROM　学生信息表

WHERE　系别='机电系' AND 姓名 LIKE '张%'

② 单击【执行】按钮，得到结果如图 3-13 所示。

图 3-13   多重条件查询

【任务 13】 ORDER BY 子句：将"成绩信息表"按成绩排序，输出有关字段。

操作步骤如下：

① 在查询窗口中输入以下命令文本：

SELECT 学号,成绩

FROM 成绩信息表

ORDER BY 成绩

② 单击【执行】按钮，得到结果如图 3-14 所示。

图 3-14   使用 ORDER BY 子句筛选的结果

子任务 2   分类汇总

 任务描述

用户经常需要对结果集进行统计，例如，求和、平均值、最大值、最小值、个数等，这些统计可以通过集合函数、COMPUTE 子句、GROUP BY 子句来实现。本节将详细介绍这些常用函数、COMPUTE 子句和 GROUP BY 子句的用法。

相关资讯

1. 常用统计函数

为了进一步方便用户，增强检索功能，SQL Server 提供了许多集合函数，主要有：

● COUNT([DISTINCT/ALL]*)：统计记录个数。

- COUNT([DISTINCT/ALL]列名)：统计一列中值的个数。
- SUM([DISTINCT/ALL]列名)：计算一列值的总和(此列必须是数值型)。
- AVG([DISTINCT/ALL]列名)：计算一列值的平均值(此列必须是数值型)。
- MAX([DISTINCT/ALL]列名)：求一列值中的最大值。
- MIN([DISTINCT/ALL]列名)：求一列值中的最小值。

在 SELECT 子句中集合函数用来对结果集记录进行统计计算。DISTINCT 是去掉指定列中的重复值的意思，ALL 是不取消重复，默认是 ALL。

2．数据分组

GROUP BY 子句将查询结果集按某一列或多列值分组，分组列值相等的为一组，并对每一组进行统计。对查询结果集分组的目的是为了细化集合函数的作用对象。GROUP BY 子句的语法格式为：

GROUP BY 列名 [HAVING 筛选条件表达式]

其中：

- "BY 列名"是按列名指定的字段进行分组，将该字段值相同的记录组成一组，对每一组记录进行汇总计算并生成一条记录。
- "HAVING 筛选条件表达式"表示对生成的组筛选后再对满足条件的组进行统计。
- SELECT 子句的列名必须是 GROUP BY 子句已有的列名或是计算列。

3．使用 COMPUTE BY 汇总

COMPUTE 子句对查询结果集中的所有记录进行汇总统计，并显示所有参加汇总记录的详细信息。使用语法格式如下：

COMPUTE 集合函数 [BY 列名]

其中：

- 集合函数，如 SUM( )、AVG( )、COUNT( )等。
- "BY 列名"按指定"列名"字段进行分组计算，并显示被统计记录的详细信息。
- BY 选项必须与 ORDER BY 子句一起使用。

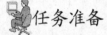 任务准备

一台装有 Windows XP 或 Windows Server 2003 操作系统并装有 SQL Server 2008 的电脑。

 任务实施

【任务 1】 SUM 函数应用：计算"成绩信息表"中某个学生的成绩总和。

操作步骤如下：

① 在查询窗口中输入以下命令文本：

SELECT SUM(成绩) AS 成绩总和

FROM 成绩信息表

WHERE 学号='2007110101'

② 单击【执行】按钮，得到结果如图 3-15 所示。

图 3-15 使用 SUM()函数

【任务 2】 AVG 函数应用：计算"成绩信息表"中某个学生的平均成绩。

操作步骤如下：

① 在查询窗口中输入以下命令文本：

SELECT AVG(成绩) AS 平均成绩

FROM 成绩信息表

WHERE 学号='2007110101'

② 单击【执行】按钮，得到结果如图 3-16 所示。

图 3-16 使用 AVG()函数

【任务 3】 COUNT 函数应用：统计"学生信息表"中的学生总数。

操作步骤如下：

① 在查询窗口中输入以下命令文本：

SELECT COUNT(*) AS 学生总数

FROM 学生信息表

② 单击【执行】按钮，得到结果如图 3-17 所示。

图 3-17 使用 COUNT()函数

【任务 4】 用 GROUP BY 分组：查询"学生信息表"中各系学生的个数。

操作步骤如下：

① 在查询窗口中输入以下命令文本：

SELECT 系别，COUNT(*) AS 数量

FROM 学生信息表

GROUP BY 系别

② 单击【执行】按钮，得到结果如图 3-18 所示。

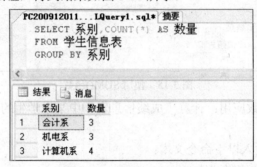

图 3-18　分组统计筛选结果

提示：

在 GROUP BY 子句中，字段别名不能作为分组表达式来使用。SELECT 后面每一列数据除了出现在统计函数中的列以外，都必须在 GROUP BY 子句中应用。

【任务 5】 在 GROUP BY 中使用 HAVING 子句：在 "成绩信息表" 中，找出所有学生的平均成绩大于 80 的信息。

操作步骤如下：

① 在查询窗口中输入以下命令文本：

SELECT 学号, AVG(成绩) AS 平均成绩

FROM 成绩信息表

GROUP BY 学号

HAVING AVG(成绩)>80

② 单击【执行】按钮，得到结果如图 3-19 所示。

图 3-19　分组统计筛选结果

提示：

当完成数据结果的查询和统计后，可以使用 HAVING 子句来对查询和统计的结果进行进一步的筛选。

【任务 6】 COMPUTE 子句应用：在 "成绩信息表" 中，检索 "学号" 为 "2007110101" 的记录，并求出平均成绩、最低成绩、最高成绩。

操作步骤如下：

① 在查询窗口中输入以下命令文本：

SELECT 学号, 课程编号, 成绩

FROM 成绩信息表

WHERE 学号='2007110101'

COMPUTE AVG(成绩), MAX(成绩), MIN(成绩)

② 单击【执行】按钮，得到结果如图 3-20 所示。

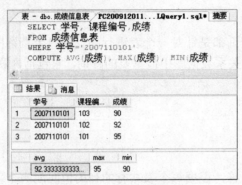

图 3-20　分组统计筛选结果

【任务 7】　COMPUTE BY 子句应用：从"成绩信息表"中检索数据，列出每个学生的成绩以及每个学生的平均成绩、最低成绩、最高成绩。

操作步骤如下：

① 在查询窗口中输入以下命令文本：

SELECT 学号, 课程编号, 成绩

FROM 成绩信息表

ORDER BY 学号

COMPUTE　AVG(成绩), MAX(成绩), MIN(成绩)

BY 学号

② 单击【执行】按钮，得到结果如图 3-21 所示。

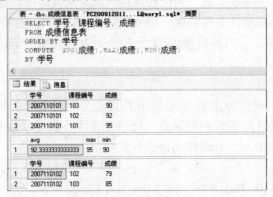

图 3-21　分组统计筛选结果

提示：

(1) 在 SELECT 语句中使用 COMPUTE BY 子句时，必须与 ORDER BY 子句联合使用。COMPUTE BY 子句中的统计字段名列表必须与 ORDER BY 子句中的相同或为其子集，而且二者从左到右的排列顺序必须一致。

(2) 由于记录内容多，只显示两个学生的信息。

(3) 使用 COMPUTE BY 子句会将整个结果集分成组，并针对每个组产生两个结果集。

子任务 3　联接

 任务描述

前面工作任务讲的查询都是针对一个表进行的。若一个查询同时涉及多个表，则称之为联接查询。联接查询是关系数据库中最重要的查询，它包括内联接、外联接、交叉联接、自联接、多表联接等。

相关资讯

1. 内联接

内联接使用比较运算符，根据每个表共有的列的值匹配两个表中的行。表的联接条件经常采用"主键＝外键"的形式。内联接可以通过在 FROM 子句中使用 INNER JOIN 关键字来实现，格式为：

FROM table_name [AS] table_alias [INNER JOIN] table_name [AS] table_alias ON search_condition

其中：table_name [AS] table_alias 指定表名和可选别名；search_condition 指定联接所基于的条件，通常使用字段和比较运算符。

2. 外联接

在通常的联接操作中，只有满足条件的记录才能在结果集里输出。例如，学生信息表中没有选修课程的学生和没有被学生选修的课程号都没有出现在结果集中。因为这些学生的学号没有在成绩信息表中出现，也就是没有这些学生的选修记录。但是，用户有时想以学生信息表为主体列出所有学生的基本情况，以及选修课程信息，若某个学生没有选修课程，则只输出这个学生的基本信息，其选修课程信息为空值即可。这时就需要外联接。

外联接又分为左外联接、右外联接、全外联接 3 种。外联接除产生内联接生成的结果集外，还可以使一个表(左、右外联接)或两个表(全外联接)中的不满足联接条件的记录也出现在结果集中。

1) 左外联接

左外联接就是将左表作为主表,主表中所有记录分别与右表的每一条记录进行联接组合，结果集中除了满足联接条件的记录外，还有主表中不满足联接条件的记录，并在右表的相应列上填充 NULL 值。左外联接的语法格式如下：

SELECT　列名列表

FROM　　表名 1 LEFT [OUTER] JOIN　表名 2 ON　表名 1.列名=表名 2.列名

其中：

(1) LEFT OUTER　为左外联接类型选项关键字，指定联接类型为左外联接，OUTER 可以省略。

(2) ON 表名 1.列名=表名 2.列名是左外联接的等值联接条件，通常为"ON 主键=外键"的形式。

2）右外联接

右外联接就是将右表作为主表，主表中所有记录分别与左表的每一条记录进行联接组合，结果集中除了满足联接条件的记录外，还有主表中不满足联接条件的记录并在左表的相应列上填充 NULL 值。右外联接的语法格式如下：

　SELECT 列名列表

　FROM 　表名 1 RIGHT [OUTER] JOIN 表名 2 ON 表名 1.列名=表名 2.列名

其中：

(1) RIGHT OUTER 为右外联接类型选项关键字，指定联接类型为右外联接，OUTER可以省略。

(2) ON 表名 1.列名=表名 2.列名是右外联接的等值联接条件，通常为"ON 主键=外键"的形式。

3）全联接

全外联接就是将左表所有记录分别与右表的每一条记录进行联接组合，结果集中除了满足联接条件的记录外，还有左、右表中不满足联接条件的记录，并在左、右表的相应列上填充 NULL 值。全外联接的语法格式如下：

　SELECT 列名列表

　FROM 　表名 1 FULL [OUTER] JOIN 表名 2 ON 表名 1.列名=表名 2.列名

其中：

(1) FULL OUTER 为全外联接类型选项关键字，指定联接类型为左外联接，OUTER 可以省略。

(2) ON 表名 1.列名=表名 2.列名是全外联接的等值联接条件，通常为"ON 主键=外键"的形式。

3．交叉联接

交叉联接又称非限制联接(广义笛卡尔积)，它是将两个表不加约束地联接在一起，联接产生的结果集的记录为两个表中记录的交叉乘积，结果集的列为两个表属性列的和。交叉联接的语法格式如下：

　SELECT 列名列表

　FROM 　表名 1 CROSS JOIN 表名 2

其中：CROSS JOIN 为交叉联接关键字。

4．自联接

联接操作不仅可以在两个不同的表之间进行，也可以是一个表与其自身进行的联接，称为表的自联接。自联接也可以理解为一个表的两个副本之间的联接。使用自身联接时，必须为表指定两个别名。自联接的语法格式如下：

　SELECT 列名列表

　FROM 　表名 1 AS 别名 1 　JOIN 表名 1 AS 别名 2 　ON 别名 1.列名= 别名 2.列名

其中：别名 1、别名 2 代表同一个表。

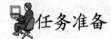

任务准备

一台装有 Windows XP 或 Windows Server 2003 操作系统并装有 SQL Server 2008 的电脑。

任务实施

【任务 1】　内联接：查询所有课程信息和选课学生的成绩。

操作步骤如下：

① 在查询窗口中输入以下命令文本：

SELECT CJ.*, KC.*

FROM 成绩信息表 CJ　JOIN 课程信息表 KC

ON CJ.课程编号=KC.课程编号

② 单击【执行】按钮，得到结果如图 3-22 所示。

图 3-22　使用 SQL 语句创建视图

【任务 2】　左外联接：查询所有学生的信息和选课学生的情况。

操作步骤如下：

① 在查询窗口中输入以下命令文本：

SELECT 姓名, 性别, 课程编号, 成绩

FROM 学生信息表 XS LEFT JOIN 成绩信息表 CJ

ON XS.学号=CJ.学号

② 单击【执行】按钮，得到结果如图 3-23 所示。

图 3-23　左外联接

【任务 3】 交叉联接：查找所有学生选课的可能情况；得到的结果集的行数是两个表的行数的乘积。

操作步骤如下：

① 在查询窗口中输入以下命令文本：

SELECT 姓名, 性别, 课程编号, 课程名称

FROM 学生信息表 CROSS JOIN 课程信息表

ORDER BY 课程编号

② 单击【执行】按钮，得到结果如图 3-24 所示。

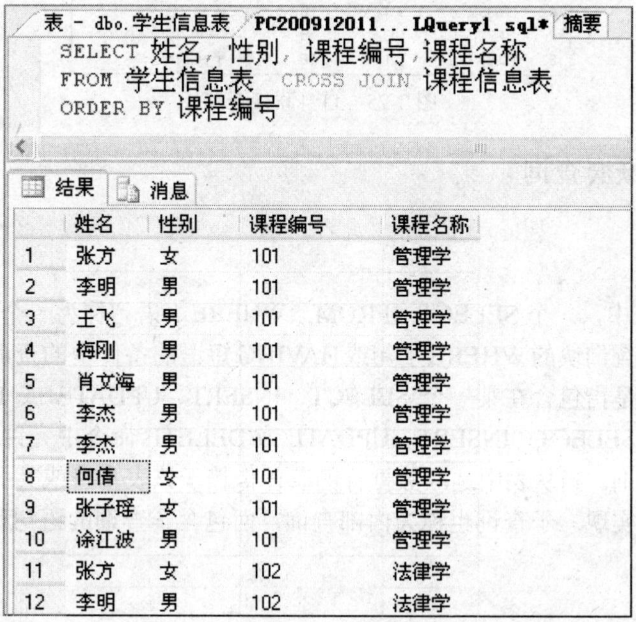

图 3-24 交叉联接

提示：

交叉联接返回的结果在大多数情况下是冗余无用的，所以应该采取措施尽量避免交叉联接的出现。

【任务 4】 自联接：查找不同课程成绩相同的学生的学号、课程编号和成绩。

操作步骤如下：

① 在查询窗口中输入以下命令文本：

SELECT CJ1.学号, CJ1.课程编号, CJ1.成绩

FROM 成绩信息表 CJ1 JOIN 成绩信息表 CJ2

ON CJ1.成绩=CJ2.成绩

WHERE CJ1.课程编号!= CJ2.课程编号

AND CJ1.学号!= CJ2.学号

② 单击【执行】按钮，得到结果如图 3-25 所示。

図 3-25　自身联接查询

子任务4　实现嵌套查询

任务描述

在 T-SQL 语言中，一个 SELECT…FROM…WHERE…语句称为一个查询块，将一个查询块嵌套在另一个查询块的 WHERE 子句或 HAVING 短语的条件中的查询称之为嵌套查询。

所谓子查询，是指包含在某一个 SELECT、INSERT、UPDATE 或 DELETE 命令中的 SELECT 查询。在 SELECT、INSERT、UPDATE 或 DELETE 命令中允许是一个表达式的地方均可以使用子查询。当从表中选取数据行的条件依赖于该表本身或其他表的联合信息时，需要使用子查询来实现。子查询也称为内部查询，而包含子查询的语句称为外部查询。

相关资讯

1．子查询基础

嵌套查询的结构类似于程序语言中循环的嵌套。

例如：

SELECT 姓名 FROM 学生信息表 WHERE 学号 IN(SELECT 学号 FROM 成绩信息表 WHERE 课程编号='303')

括号中的查询块"SELECT 学号 FROM 成绩信息表 WHERE 课程编号='303'"是嵌套在上层的"SELECT 姓名 FROM 学生信息表 WHERE 学号 IN"的 WHERE 条件中的。括号中的查询块称为子查询或内层查询，而包含子查询块的查询块称为父查询或外层查询。

2．非相关子查询(不依赖于外部查询的子查询)

有一类子查询其执行不依赖于外部查询。这类子查询的执行过程是：首先执行子查询，子查询得到的结果不被显示出来，而是传递给外部查询，作为外部查询的条件来使用。然后执行外部查询，并显示整个查询结果。子查询返回的值可能是单个值也可能是一组值。

返回值不论是来自一个表还是多个表，都只返回单个值。如果返回一组值，则要使用 ANY、ALL、IN 和 NOT IN 命令，它们与查询条件一起构成返回一组值的子查询。

ANY：表示通过比较运算符，将一个表达式的值与子查询返回的一组值中的每一个进行比较。如果在某次比较中运算结果为 TRUE，则 ANY 测试返回 TRUE；若每一次比较的结果均为 FALSE，则 ANY 测试返回 FALSE。

ALL：表示通过比较运算符将一个表达式的值与子查询返回的一组值中的每一个进行比较。若每一次比较中结果均为 TRUE，则 ALL 测试返回 TRUE；只要有一次比较的结果为 FALSE，则 ALL 测试返回 FALSE。

ANY 或 ALL 与比较运算符一起使用的语义如表 3-2 所示。

表 3-2 ANY 或 ALL 与比较运算符一起使用的语义

运　算　符	语　　义
>ANY	大于子查询结果中的某个值
>ALL	大于子查询结果中的所有值
<ANY	小于子查询结果中的某个值
<ALL	小于子查询结果中的所有值
>=ANY	大于或等于子查询结果中的某个值
>=ALL	大于或等于子查询结果中的所有值
<=ANY	小于或等于子查询结果中的某个值
<=ALL	小于或等于子查询结果中的所有值
=ANY	等于子查询结果中的某个值
=ALL	等于子查询结果中的所有值

3．相关子查询

在相关子查询中，子查询的执行依赖于外部查询，多数情况下是在子查询的 WHERE 子句中引用了外部查询的表。相关子查询的执行过程与前面所讲的查询完全不同，其执行过程是：子查询为外部查询的每一行执行一次，外部查询将子查询引用的外部字段的值传给子查询，进行子查询操作；外部查询根据子查询得到的结果或结果集返回满足条件的结果行；外部表的每一行都将做相同的处理。

4．带 EXISTS 测试的子查询

在子查询中，还可以用 EXISTS，它一般用在 WHERE 子句中，其后为子查询，从而形成一个条件，当该子查询至少存在一个返回值时，这个条件为 TRUE，否则为 FALSE。

任务准备

一台装有 Windows XP 或 Windows Server 2003 操作系统并装有 SQL Server 2008 的电脑。

任务实施

【任务 1】 返回单个值：查询"成绩信息表"中，所有成绩低于平均成绩的学生。

操作步骤如下：

① 在查询窗口中输入以下命令文本：

SELECT 学号, 课程编号, 成绩

FROM 成绩信息表

WHERE 成绩<

　　　(SELECT AVG(成绩)

AS 平均成绩 FROM 成绩信息表)

② 单击【执行】按钮，得到结果如图 3-26 所示。

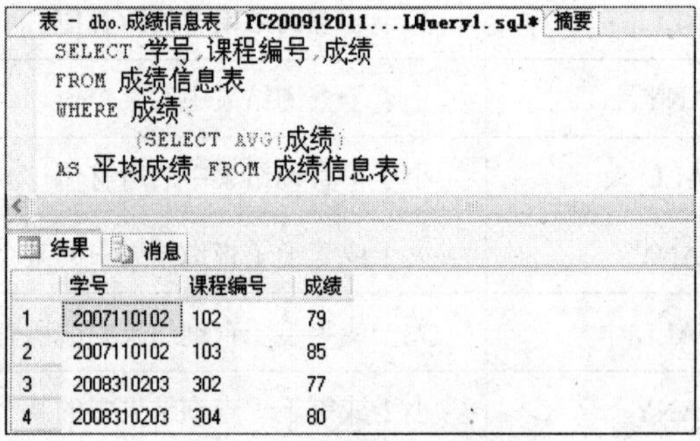

图 3-26 返回单个值

【任务 2】 返回一组值：在"成绩信息表"中，找出某个学生的成绩比另外一个学生的最高成绩还高的学生成绩信息。

操作步骤如下：

① 在查询窗口中输入以下命令文本：

SELECT 学号, 课程编号, 成绩

FROM 成绩信息表

WHERE 学号='2007110101' AND 成绩> ALL

　　　(SELECT 成绩 FROM 成绩信息表

　　　　WHERE 学号='2007110102')

② 单击【执行】按钮，得到结果如图 3-27 所示。

图 3-27 返回一组值

【任务3】 相关子查询：查询"成绩信息表"中大于该课程平均值的学生成绩信息。

操作步骤如下：

① 在查询窗口中输入以下命令文本：

SELECT 学号, 课程编号, 成绩

FROM 成绩信息表 AS CJ1

WHERE 成绩>

    (SELECT AVG(成绩)

     FROM 成绩信息表 AS CJ2

     WHERE CJ1.课程编号= CJ2.课程编号)

② 单击【执行】按钮，得到结果如图 3-28 所示。

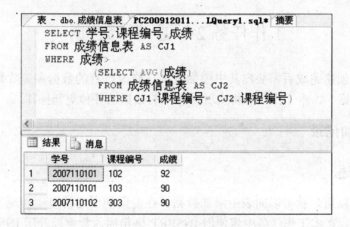

图 3-28 相关子查询

提示：

与以前提到的大多数子查询不同，该语句中的子查询无法独立于外部查询而得到解决。该子查询需要一个"课程编号"值，而该值是个变量，随 SQL Server 检查"成绩信息表"中的不同行而更改。

【任务4】 带 EXISTS 测试的子查询：利用 EXISTS 查询所有成绩记载的信息。

操作步骤如下：

① 在查询窗口中输入以下命令文本：

SELECT 学号, 课程编号, 成绩

FROM 成绩信息表

WHERE EXISTS

(SELECT 学号

FROM 学生信息表

WHERE 成绩信息表.学号=学生信息表.学号 AND 系别='计算机系')

② 单击【执行】按钮，得到结果如图 3-29 所示。

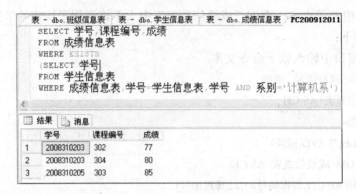

图 3-29　带 EXISTS 测试的子查询

工作任务 2　更 新 数 据

数据库的表创建完成后需要向其中添加数据、修改已有的数据和删除数据，这些操作统称为"更新数据"。本工作任务将实现对表中的数据的各种更新操作。

子任务 1　增加记录

 任务描述

一个表建立以后，就可以向表中添加数据。在前面的学习情境中实现了通过管理平台向表中添加数据。在本工作任务中将使用 INSERT 语句插入数据以及用 INSERT…SELECT 语句添加来自另外一个表中的数据。

相关资讯

1. 使用 INSERT 语句插入新记录

INSERT 语句用于向表中添加一行新记录，其基本语法格式为：

INSERT [INTO] 表名 [(列名列表)]　VALUES　(数据值列表)

其中，"表名"用来接收数据的表的名称。如果接收数据的表不在当前操作的目标数据库中，则应当使用"数据库名.拥有者.表名"的完整格式来描述。INTO 关键字是一个可选项。

"列名列表"是由逗号分隔的字段列表，用来指定为其提供数据的字段。其中每个字段之间用逗号分隔，这些字段必须用圆括号"( )"括起来。如果没有指定"列名列表"，表中的所有字段都将接收数据。"数据值列表"给出需要插入的数据。值列表也必须用圆括号"( )"括起来，数据之间也用逗号分隔。

使用 INSERT 语句插入数据可以分为以下三种情况：

1) 给插入记录的所有字段添加数据

当要给插入记录的所有字段添加数据时，可以省略"(字段列表)"这项内容，只需要在 VALUES 关键字后面列出添加的数据值就可以了，但要注意输入的数据顺序应与目标表中的字段顺序保持一致。

2) 给插入记录的部分字段添加数据

如果要插入的记录需要添加部分数据，则应该在 INSERT 语句中使用字段列表。字段列表中的字段顺序可以不同于目标表中的字段顺序，但值列表与字段列表中包含的项数、数据类型及顺序等都要保持一致。

3) 给插入的记录使用默认值添加数据

如果需要给插入的记录的全部字段使用默认值，可以将 INSERT 语句写成下面的形式：

INSERT　INTO　Table_name　　DEFAULT　VALUES

如果表中的某些字段没有指定默认值，但是允许是 NULL 值，则该字段的值为 NULL；如果表中的某些字段没有指定默认值，而又不允许为 NULL 值，则 INSERT 语句不被执行。

使用 INSERT 语句插入数据时，需要注意以下几点：

(1) 对于字符型和日期型数据，插入时要用单引号括起来，如'李明'、'2003/3/28'等。

(2) 对于具有 IDENTITY 属性的字段，应当在值列表中跳过。例如，当第三个字段具有 IDENTITY 属性时，值列表必须写成(值 1,值 2,值 4,…)。

(3) 在默认情况下，不能把数据直接插入一个具有 IDENTITY 属性的字段。如果偶然从表中删除了一行记录，或在 IDENTITY 属性的字段值中存在着跳跃，也可以在该字段中设置一个指定的值。但必须首先用 SET 语句设置 IDENTITY_INSERT 选项，然后才能在 IDENTITY 字段中插入一个指定的值。

2. 使用 INSERT…SELECT 语句插入新记录

将 INSERT 语句与 SELECT 语句搭配，可以从一个或多个表中取出数据，并添加到已存在的目标表中，而且一次可插入多条记录。这是用普通 INSERT 语句所无法实现的功能。

任务准备

一台装有 Windows XP 或 Windows Server 2003 操作系统并装有 SQL Server 2008 的电脑。

任务实施

【任务 1】 给插入记录的所有字段添加数据：在"班级管理系统"数据库的"学生信息表"中添加一条记录，其中，学号：2009430102，姓名：张子瑶，性别：女，出生年月日：1990-6-3，班级：094301，电话：2754635，入学时间：2009-9-1，系别：机电系。添加新记录之后，显示"学生信息表"的全部记录。

操作步骤如下：

① 在查询窗口中输入以下命令文本：

```
INSERT INTO 学生信息表
VALUES('2009430102','张子瑶',
'女','1990-6-3','094301','2754635','2009-9-1','机电系','')
SELECT * FROM 学生信息表
```

② 单击【执行】按钮，得到结果如图 3-30 所示。

图 3-30　给插入记录的所有字段添加数据

提示：

若插入的记录的字段与表中的字段不同时，会出现如下错误提示：

消息 213，级别 16，状态 1，第 2 行

插入错误：列名或所提供值的数目与表定义不匹配。

【**任务 2**】给插入记录的部分字段添加数据：在"学生信息表"中添加一条记录，其中，学号：2008310204，姓名：张凯，性别：男，系别：计算机系。

操作步骤如下：

① 在查询窗口中输入以下命令文本：

INSERT INTO 学生信息表(学号,姓名,性别,系别)

　VALUES('2008310204','张凯','男', '计算机系')

SELECT　*　FROM　学生信息表

② 单击【执行】按钮，得到结果如图 3-31 所示。

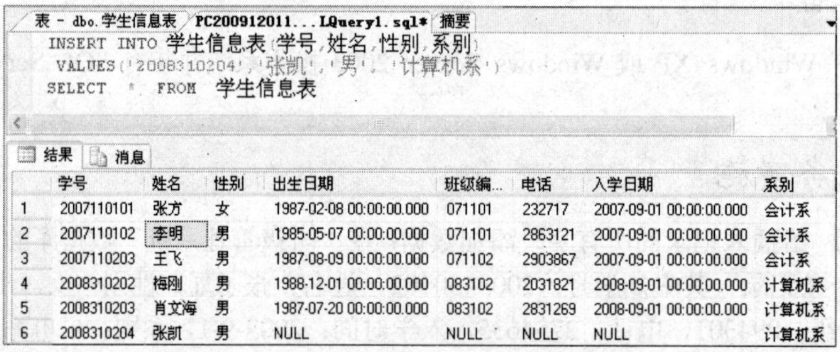

图 3-31　给插入记录的部分字段添加数据

【**任务 3**】 用 INSERT…SELECT 语句插入新记录：利用已有表"学生信息表"创建一个表，表名为 A，包括字段：学号、姓名、性别、系别。再将"学生信息表"中"系别"为计算机系的学生信息插入 A 表中，并显示 A 表内容。

操作步骤如下：

① 在查询窗口中输入以下命令文本：

SELECT 学号, 姓名, 性别, 系别

INTO A

FROM 学生信息表

WHERE 系别='计算机系'

SELECT *

FROM A

② 单击【执行】按钮，得到结果如图 3-32 所示。

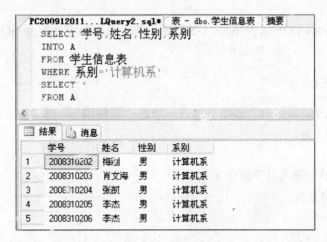

图 3-32 利用已有表创建一个表

子任务 2 修改记录

 任务描述

在查询分析器窗口中掌握用命令方式修改数据，可以使用 UPDATE 语句对表中的数据进行修改，也可以使用 FROM 子句对 UPDATE 语句进行扩展，以便从一个或多个已经存在的表中获取修改时需要用到的数据。

相关资讯

1. 使用 UPDATE 语句修改记录

使用 UPDATE 语句可以对表中的一行或多行记录进行修改，其语法格式如下：

UPDATE 表名

SET 字段名=表达式 | DEFAULT | NULL [, …n]

[WHERE 查找条件]

其中，表名为需要修改数据的表的名称。SET 子句指定修改的字段和所使用的数据。WHERE 子句用于指定需要修改数据的条件。如果省略 WHERE 子句，则表中的所有记录都将被修改成由 SET 子句指定的数据。

2. 使用 FROM 子句扩展 UPDATE 语句

如果需要从一个已经存在的表中获取修改时需要的数据，可以由 UPDATE 语句中的 FROM 子句来完成。其语法格式为

UPDATE 表名

SET 字段名=表达式| DEFAULT | NULL　　[, …n]

FROM 表名

[WHERE　查找条件]

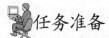任务准备

一台装有 WindowsXP 或 Windows Server 2003 操作系统并装有 SQL Server 2008 的电脑。

任务实施

【任务 1】　修改记录：将"成绩信息表"中的"课程编号"为"303"的学生成绩在原成绩的基础上增加 5 分。

操作步骤如下：

① 在查询窗口中输入以下命令文本：

UPDATE　成绩信息表

SET　成绩=成绩+5

WHERE　课程编号='303'

SELECT * FROM　成绩信息表

WHERE　课程编号='303'

② 单击【执行】按钮，得到结果如图 3-33 所示。

图 3-33　插入新记录

提示：

(1) 课程编号为"303"的成绩在原来的基础上增加了 5 分。

(2) 如果 SET 子句中的表达式用 DEFAULT 关键字，则用字段的默认值代替该字段的当前值。如果该字段允许为 NULL 值，也可以通过在相应的表达式位置上使用 NULL 关键字，则此时用 NULL 值来代替该字段中的当前值。

【任务 2】　用 FROM 子句扩展 UPDATE 语句：将"成绩信息表"中是"计算机系"的学生的成绩增加 5 分。

操作步骤如下：

① 在查询窗口中输入以下命令文本：

UPDATE　成绩信息表

　SET　成绩=成绩+5

FROM　成绩信息表 AS a, 学生信息表 AS b

WHERE a.学号=b.学号 AND　系别='计算机系'

② 单击【执行】按钮，得到结果如图 3-34 所示。

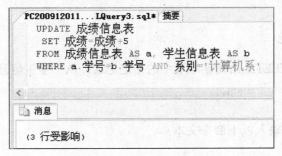

图 3-34　扩展 UPDATE 语句

子任务 3　删除记录

 任务描述

当完成数据的添加任务以后，随着表的使用和对数据的修改，表中可能存在着一些无用的记录。这些无用的记录不仅会占用空间，还会影响修改和查询的速度，所以应及时将它们删除。用户可以使用 DELETE 语句从表中删除满足指定条件的记录，也可以使用 TRUNCARE　TALBE 语句从表中快速删除全部记录。

相关资讯

1. 使用 DELETE 语句删除表中的指定记录

用 DELETE 语句删除表中的指定记录，DELETE 语句的语法格式如下：

DELETE [FROM] Table_name

[WHERE <search_condition >]

其中，FROM　是一个可选的关键字。目标表名是要从其中删除记录的表的名称。WHERE 子句指定要从目标表中删除哪些记录。如果省略 WHERE　子句，则删除目标表中的所有记录。

2. 使用 TRUNCATE TABLE 语句删除表中所有记录

TRUNCATE TABLE　语句用于删除一个表的所有记录，该语句的语法格式如下：

TRUNCATE TABLE Table_name

其中，表名是要从其中删除所有记录的表的名称。

这条命令将从一个表中删除所有记录行，但表的结构、字段约束以及索引等仍然存储在数据库中。若想删除表的定义和表中的数据，要使用 DROP TABLE 语句。

从效果上看，TRUNCATE TABLE 语句与不带 WHERE 子句的 DELETE 语句是相同的，它们都是从表删除所有记录。但前者执行的速度更快一些，而且使用较少的系统资源和事务日志资源。

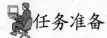

任务准备

一台装有 Windows XP 或 Windows Server 2003 操作系统并装有 SQL Server 2008 的电脑。

任务实施

【任务 1】 用 DELETE 语句删除表中的指定记录：从"学生信息表"中删除会计系的学生，并显示结果。

操作步骤如下：

① 在查询窗口中输入以下命令文本：

USE　班级管理系统

DELETE　学生信息表

WHERE　系别='会计'

② 单击【执行】按钮，得到结果如图 3-35 所示。

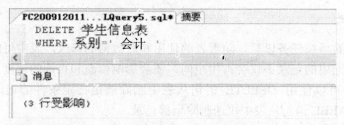

图 3-35　用 DELETE 语句删除表中的指定记录

【任务 2】 使用 TRUNCATE 语句删除数据。

① 在查询窗口中输入以下命令文本：

TRUNCATE TABLE　成绩信息表

② 单击【执行】按钮，得到结果如图 3-36 所示。

图 3-36　使用 TRUNCATE 语句删除所有行

提示：

(1) TRUNCATE TABLE 语句在功能上与不带 WHERE 子句的 DELETE 语句相同；二者均删除表中所有行。但 TRUNCATE TABLE 语句比 DELETE 语句速度快，且使用的系统资源和事务日志资源少。

(2) TRUNCATE TABLE 语句虽然删除表中所有行，但表结构及其列、约束、索引等保持不变。

情 境 总 结

本学习情境主要介绍 SQL 查询语句的使用方法和数据表的更新。掌握使用 SQL 的 SELECT 关键字进行简单查询的方法，学会使用本章列举的一些常用关键字，包括 NULL、LIKE、TOP、CASE 等；同时还列举了特殊查询，如联接查询、嵌套查询和联合查询。数据表的更新包括添加、修改和删除数据。

练 习 题

一、选择题

1. 某企业有定单表 Orders 的列 OrderID，其数据类型是小整型(smallint)，根据业务需要应该为整型(int)，应该使用下面哪条语句？(   )

A. ALTER COLUMN OrderID int FROM Orders

B. ALTER TABLE Orders(OrderID int)

C. ALTER TABLE Orders   ALTER COLUMN OrderID int

D. ALTER COLUMN Orders.OrderID int

2. 某企业有表 tblCustomerInfo 存储客户信息，现在需要在表中添加列 "MobilePhone"，该列的数据类型为 varchar(20)，可以取空值，添加该列使用的语句是(   )。

A. ALTER TABLE tblCustomerInfo (MobilePhone varchar(20))

B. ALTER TABLE tblCustomerInfo   ALTER COLUMN MobilePhone varchar(20)

C. ALTER TABLE tblCustomerInfo   ADD MobilePhone varchar(20)

D. ALTER TABLE tblCustomerInfo   ADD COLUMN MobilePhone varchar(20) NULL

3. 在以下 T-SQL 语句中，使用 INSERT 命令添加数据，若需要添加一批数据应使用(   )语句。

A. INSERT...VALUES　　　　B. INSERT... SELECT

C. INSERT...DEFAULT　　　　D. A B C 均可

学习情境 4　操作数据库对象

情 境 引 入

SQL Server 数据库中有一些非常重要的数据库对象，比如索引、视图、默认值、规则、存储过程、触发器等。为了进一步提高 SQL Server 的编程能力，拓展 SQL Server 的应用范围，数据库开发人员可以应用默认值和规则等更有效地简化数据输入和保证数据完整性。

总之，学习本学习情境，要重点掌握创建、删除视图、默认值、规则、存储过程和触发器等，并能灵活应用。

工作任务 1　操 作 索 引

任务描述

索引是数据库中一种重要而又类型特殊的数据库对象，它保存着数据表中一列或几列组合的排序结构。在数据库中，索引允许数据库应用程序迅速找到表中特定的数据，而不必扫描整个数据库中的数据。为数据表增加索引，可以大大提高 Microsoft SQL Server 中数据的检索效率。

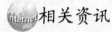相关资讯

1. 索引的结构

SQL Server 中的索引与书的目录很相似，表中的数据类似于书的内容。SQL Server 数据库中的索引是一个列表，这个列表包含某个表中一列或者若干列值的集合，以及这些值记录在数据表中的存储位置的物理地址。索引提供指向存储在表的指定列中的数据值的指针，然后根据用户指定的排序顺序对这些指针排序。合理地利用索引，将大大提高数据库

的检索速度，同时也可以提高数据库的性能。索引既可在定义表时创建，也可以在定义了表之后随时创建。

索引是一个单独的、物理的数据库结构。它是以表列为基础建立的一种数据库对象，保存着表中排序的索引列，并且记录了索引列在数据表中的物理存储位置。索引能够对表中的一个或者多个字段建立一种排序关系，以加快在表中查询数据的速度，但不改变表中记录的物理顺序。

索引是依赖于表建立的，它提供了数据库中编排表中数据的内部方法。一个表的存储是由两部分组成的，一部分用来存放表的数据页面，另一部分存放索引页面。索引就存放在索引页面上。相对于数据页面来说，索引页面要小很多。当进行数据检索时，系统先搜索索引页面，从中找到所需数据的指针，再直接通过指针从数据页面中读取数据。

索引键可以是单个字段，也可以是包含多个字段的组合字段。

尽管索引可以大大提高查询速度，同时还可以保证数据的唯一性，但是没有必要为每个字段都建立索引，因为索引要增加磁盘上的存储空间，也需要进行维护；另外在插入、更新与删除操作时要改变数据的列，这时在表中进行的每一个改变都要在索引中进行相应的改变，反而适得其反。所以一般只在经常需检索的字段上建立索引。

2. 索引类型

SQL Server 2008 索引包括聚集索引、非聚集索引和其他类型(包括唯一索引、包含索引、索引视图、全文索引和 XML 索引)三种类型。

1) 聚集索引

聚集索引也叫簇索引或簇集索引。在聚集索引中，行的物理存储顺序和索引顺序完全相同，每个表只允许建立一个索引。但是聚集索引可以包含多个列，此时称为复合索引。由于建立聚集索引时要改变表中数据行的物理顺序，所以应在其他非聚集索引建立之前建立聚集索引。使用聚集索引还必须考虑磁盘空间，创建一个聚集索引所需的磁盘空间至少是表实际数据量的 120%，而且这个空间还必须在同一个数据库内，而不是整个磁盘空间。

使用聚集索引检索数据要比非聚集索引快，聚集索引的另一个优点是它适用于检索连续键值。因为使用聚集索引查找一个值时，其他连续值也就在该行附近。

在 SQL Server 中，如果表上尚未创建聚集索引，且在创建 Primary Key 结束时未指定非聚集索引，Primary Key 约束会自动创建聚集索引。在 CREATE INDEX 中，使用 CLUSTERED 选项建立聚集索引。

2) 非聚集索引

非聚集索引也叫非簇索引或非簇集索引。它不改变表中行的物理存储顺序，与表中的数据完全分离，即数据存储在一个地方，索引存储在另一个地方，索引带有指针指向数据的存储位置，索引中的项目按索引键值的顺序存储。表中的数据不一定有序，除非对表已实行聚集索引。

在检索数据的时候，先对表进行非聚集索引检索，找到数据在表中的位置，然后从该位置之间返回数据，所以非聚集索引特别适合对特定值进行搜索。

3) 其他索引

(1) 唯一索引。在创建聚集索引或非聚集索引时，索引键既可以都不同，也可以包含重复值。如果希望索引键值都不同，必须创建唯一索引。唯一索引可以确保所有数据行中任意两行的被索引列不包括 NULL 在内的重复值。在多列唯一索引(称为复合索引)的情况下，该索引可以确保索引列中每个值组合都是唯一的。因为唯一索引中不能出现重复值，所以被索引的列中数据必须是唯一的。有以下两种方法建立唯一索引：

① 在 CREATE TABLE 或 ALTER TABLE 语句中设置 PRIMARY KEY 或 UNIQUE 约束时，SQL Server 自动为这些约束创建唯一索引。

② 在 CREATE INDEX 语句中使用 UNIQUE 选项创建唯一索引。

聚集索引和非聚集索引都可以是唯一的。因此，只要列中的数据是唯一的，就可以在同一个表上创建一个唯一的聚集索引和多个唯一的非聚集索引。当表创建唯一索引后，SQL Server 将禁止使用 Insert 语句或 Update 语句向表中添加重复的键值行。

(2) 包含索引。在 SQL Server 2008 中，包含索引是通过将非键列添加到非聚集索引的叶级别来扩展非聚集索引的功能。通过包含非键列，可以创建覆盖更多查询的非聚集索引，这是因为非键列具有下列优点：

① 它们可以是不允许作为索引键列的数据类型。

② 在计算索引键列数或索引键大小时，数据库引擎不考虑它们。

(3) 索引视图。视图是一张虚表，其表中是没有数据的，它必须依赖于一张实在的物理表。若希望提高视图的查询效率，可以将视图的索引物理化，即将结果集永久储存在索引中。视图索引的存储方法与表索引的存储方法是相同的。视图索引适合于很少更新视图基表数据的情况。

(4) 全文索引。全文索引是一种特殊类型的基于标记的索引，是通过 Microsoft SQL Server 的全文引擎服务创建、使用和维护的，其目的是为用户提供在字符串数据中高效搜索复杂词语的索引。这种索引的结构与数据库引擎使用的聚集索引或非聚集索引的 B-Tree 结构是不同的。Microsoft SQL Server 全文引擎不是基于某一特定行中存储的值来构造 B-Tree 结构，而是基于要索引的文本中的各个标记来创建倒排、堆积且压缩的索引结构。

(5) XML 索引。XML 索引分为主索引和二级索引。在对 XML 类型的字段创建主索引时，SQL Server 2008 并不是对 XML 数据本身进行索引，而是对 XML 数据元素名、值、属性和路径进行索引。

3. 适合建立索引的列

一般来说，如下情况的列考虑创建索引：

(1) 主键。一般而言，存取表的最常用的方法是通过主键来进行。因此，我们应该在主键上建立索引。

(2) 连接中频繁使用的列(外键)。这是因为用于连接的列若按顺序存放，系统可以很快执行连接。

(3) 在某一范围内频繁搜索的列和按排序顺序频繁检索的列。

而如下情况的列不考虑建立索引：

(1) 很少或从来不在查询中引用的列。因为系统很少或从来不根据这个列的值去查找行，所以不考虑建立索引。

(2) 只有两个或若干个值的列(如性别：男/女)，也得不到建立索引的好处。

(3) 小表(行数很少的表)一般也没有必要创建索引。

总之，当 UPDATE 的性能比 SELECT 的性能更重要时不应创建索引。另外，索引可根据需要进行创建或删除以提高性能，适应不同操作要求。例如，要对表进行大批量的插入和更新时，应先删除索引，待执行大批量插入或更新完成后，再重建立索引。因为在插入或更新时需要花费代价来进行索引的维护。

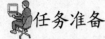

一台装有 Windows XP 或 Windows Server 2003 操作系统，SQL Server 2008 软件的电脑。

【任务 1】　使用管理平台创建索引。

操作步骤如下：

①　在管理平台中，展开指定的服务器和数据库，这里选中服务器下的"班级管理系统"，如图 4-1 所示。

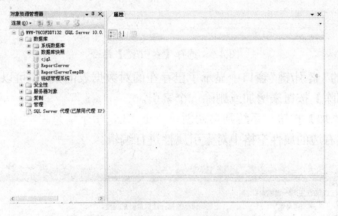

图 4-1　打开管理平台窗口

②　选择要进行索引的表(如选择"学生信息表")，点击该表，然后从弹出的快捷菜单中选择【设计】命令，打开表设计器，如图 4-2 所示。

图 4-2　打开表设计器

③ 在表设计器窗口中单击鼠标右键，然后从弹出的快捷菜单中选择【索引/键】命令，如图 4-3 所示。

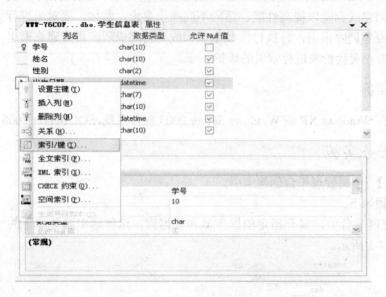

图 4-3　选择【索引/键】命令

④ 在弹出的"索引/键"窗口中显示了已存在的对数据表的索引，可以单击窗口中的【添加】按钮和【删除】按钮来增加或删除一个索引。

⑤ 单击【添加】按钮，系统则自动创建一个"IX_学生信息表*"的索引，如图 4-4 所示，用户可以在右边的属性空格中对索引属性进行编辑。

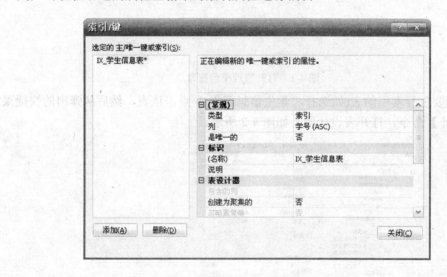

图 4-4　创建"IX_学生信息表*"的索引

⑥ 首先可以修改索引的名称，将右边属性空格中【标识】属性节下的【名称】属性改为要作为索引的名称，如"XM_学生信息表"，即以姓名作为索引关键字的索引文件，如图 4-5 所示。

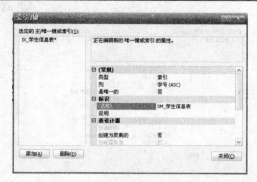

图 4-5 修改索引名称

⑦ 名称修改完毕后，要对索引关键字进行修改。在右边属性空格中的【常规】属性节下的【列】属性即为索引关键字。单击该属性框右边的"…"键，弹出"索引列"窗口，如图 4-6 所示。

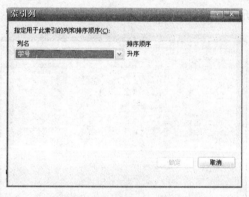

图 4-6 打开"索引列"窗口

⑧ 从【列】下拉列表框中选择要进行索引的关键字，如选"学号"作为索引关键字。对于所选的索引关键字，都可以指示索引以升序还是降序排列，如图 4-7 所示。

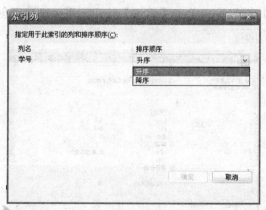

图 4-7 指定索引列和排序顺序

⑨ 然后单击【确定】按钮，完成关键字和排序方式设置，这时索引创建完毕。可以在"索引/键"窗口看到已经生成的"XM_学生信息表"索引，如图 4-8 所示。

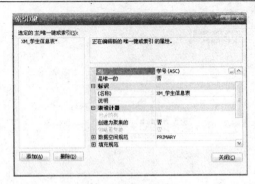

图 4-8　索引创建完毕

【任务 2】 用管理平台创建聚集索引。

操作步骤如下：

① 展开数据库表，在表设计器窗口中单击鼠标右键，然后从弹出的快捷菜单中选择【索引/键】命令，如图 4-9 所示。

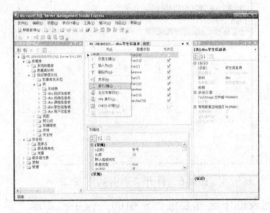

图 4-9　选择【索引/键】命令

② 在弹出的"索引/键"窗口单击【添加】按钮，系统则自动创建一个"IX_学生信息表*"索引，如图 4-10 所示。

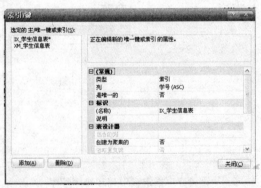

图 4-10　打开"索引/键"窗口

③ 修改索引的名称为"Birth_学生信息表"，并以"出生日期"作为索引关键字，如图 4-11 所示。

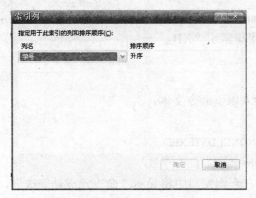

图 4-11　修改索引名称

④ 要创建聚集索引，需要在属性框中进行设置。在属性窗口中的【表设计器】属性节下的【创建为聚集的】属性中，选择【是】，即可创建聚集索引，如图 4-12 所示。可以在"索引/键"窗口看到已经生成的"Birth_学生"索引。

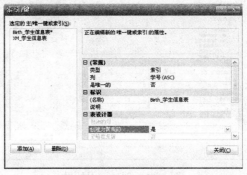

图 4-12　创建聚集索引

【任务 3】　使用管理平台创建唯一索引。

操作步骤如下：

创建唯一索引的方法与上述创建聚集索引的方法相同，但在属性窗口进行设置时，要注意选择【常规】属性节下的【是唯一的】属性为【是】，而不是选择【表设计器】属性节下的【创建为聚集的】属性为【是】。如前面讲的"Birth_学生信息表"索引创建为唯一索引时，选择【是唯一的】属性为【是】，如图 4-13 所示。

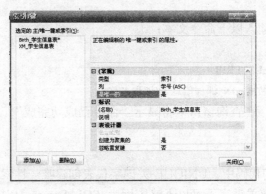

图 4-13　创建唯一索引

【任务 4】 使用 Transact-SQL 语句创建索引：在"班级管理系统"的"学生信息表"中创建一个唯一性的非聚集索引"XH_学号"。

操作步骤如下：

① 在查询窗口中输入以下命令文本：

USE 班级管理系统

CREATE　UNIQUE　NONCLUSTERED

INDEX　XH_学号　ON　学生信息表(学号)

② 执行这个语句，在查询窗口中将显示"命令已成功完成"，如图 4-14 所示。它表明索引"XH_学号"已被创建。

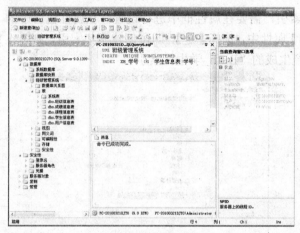

图 4-14　创建索引结果

提示：

以上 SQL 语句代码中，UNIQUE 关键字代表创建唯一性索引，NONCLUSTERED 关键字代表创建非聚集索引(该关键字可以省略，因为 SQL Server 默认创建非聚集索引)，"XH_学号"是用户自定义的索引名。

【任务 5】 在"班级管理系统"的"课程信息表"表中创建一个唯一性的聚集索引"KZM_课程名称"。

操作步骤如下：

① 在查询窗口中输入以下命令文本：

USE 班级管理系统

CREATE UNIQUE CLUSTERED

INDEX　KZM_课程名称 ON 课程信息表(课程名称)

② 执行这个语句，在查询窗口中将显示"命令已成功完成"。它表明索引"KZM_课程名称"已被创建。

提示：

(1) 以上 SQL 语句代码中，UNIQUE 关键字代表创建唯一性索引，CLUSTERED 关键字代表创建聚集索引(该关键字不可以省略，因为 SQL Server 默认创建的是非聚集索引)，

“KZM_课程名称”是用户自定义的索引名。

(2) 用户不能在一个表上创建多个聚集索引。如果创建过聚集索引，将给出不能创建的显示消息。如本例中事先创建过一个名为‘PK_课程信息表’的聚集索引，执行时将显示如下消息：

“不能在表‘课程信息表’上创建多个聚集索引。请在创建新聚集索引前除去现有的聚集索引‘PK_学生信息表’”。

【任务 6】　使用管理平台查看索引信息。

操作步骤如下：

① 打开管理平台窗口，在管理平台左边“对象管理器”窗格中，展开指定的服务器，打开要查看索引的数据库“班级管理系统”命令，选择要进行索引修改的表(例如，选择“学生信息表”)，在该表处单击鼠标右键，然后从快捷菜单中选择【设计】命令，打开表设计器，如图 4-15 所示。

图 4-15　打开表设计器

② 在表设计器窗口单击鼠标右键，然后从弹出的快捷菜单中选择【索引/键】命令，如图 4-16 所示。

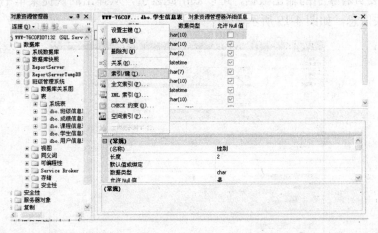

图 4-16　选择【索引/键】命令

③ 在弹出的“索引/键”窗口中显示了已存在的对数据表的索引，如图 4-17 所示，可以在该窗口中查看到索引的所有信息。

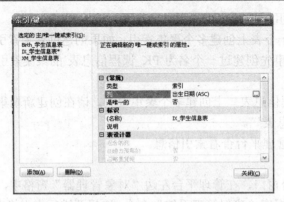

图 4-17　弹出的"索引/键"窗口

④ 此外，在【数据表】目录树(例如"学生信息表")下的【索引】结点可以查看已建立的索引，如图 4-18 所示。

图 4-18　【索引】结点可以查看已建立的索引

⑤ 如果要查看索引的输出数据，可以双击此索引，从弹出的快捷菜单中依次查看该索引的所有相关信息，如图 4-19 所示。

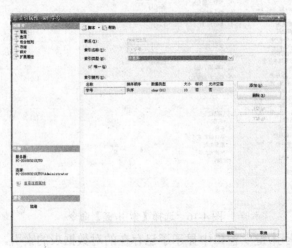

图 4-19　查看索引相关信息

【任务 7】　使用管理平台删除索引。

操作步骤如下：

① 打开管理平台窗口，在管理平台左边的"树"选项卡中选择指定的 SQL Server 组，展开指定的服务器，打开要查看索引的数据库"班级管理系统"，选择要进行索引修改的表(例如，选择"课程信息表")，在该表处单击鼠标右键，然后从弹出的快捷菜单中单击【设计】命令，打开表设计器，如图 4-20 所示。

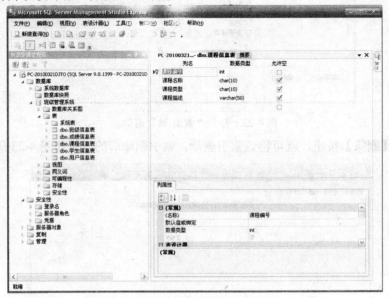

图 4-20　打开表设计器

② 在表设计器中单击鼠标右键，然后从弹出的快捷菜单中选择【索引/键】命令，如图 4-21 所示。

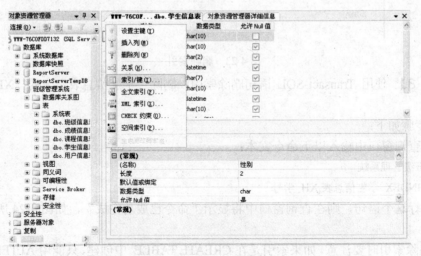

图 4-21　选择【索引/键】命令

③ 可以在"索引/键"窗口看到已经存在的索引，如图 4-22 所示。

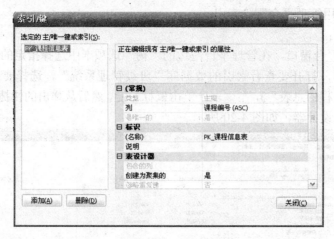

图 4-22　打开"索引/键"窗口

④ 单击【删除】按钮，就可将该索引删除，索引删除后的效果如图 4-23 所示。

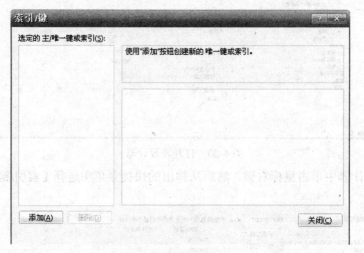

图 4-23　删除索引

【**任务 8**】　使用 Transact-SQL 语句删除索引：删除"学生信息表"上的"XH_学号"索引。

操作步骤如下：

① 在查询窗口中输入以下命令文本：

USE 班级管理系统

DROP INDEX 学生信息表.XH_学号

② 执行这个语句，则在查询窗口中将显示"命令已成功完成"，如图 4-24 所示。

提示：

(1) 删除索引时要注意，如果索引是在 CREATE TABLE 中创建，只能用 ALTER TABLE 进行删除。如果用 CREATE INDEX 创建，可用 DROP INDEX 删除。

(2) 以上在讲述索引的操作过程中，我们是以"班级管理系统"为例进行的，读者在理解了这些操作之后，可在自己新建的数据库中，在自己定义的表上进行。

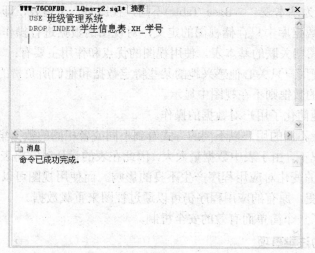

图 4-24　删除索引的应用

工作任务 2　操 作 视 图

视图提供了存储预定义的查询语句以作为数据库中的对象供以后使用的能力。视图是一种逻辑对象，是一种虚拟表。除非是索引视图，否则视图不占物理存储空间。在视图中被查询的表称为视图的基表。大多数的 SELECT 语句都可以用在视图的创建中。本工作任务应掌握如何创建视图、使用视图、修改视图和删除视图。

子任务 1　创建视图

任务描述

视图是查看数据库表中数据的一种方式，也是数据存储对象(如规则、触发器、默认值、数据类型)之一。大多数的 SELECT 语句都可以用在视图的创建中。本工作任务应掌握用 SQL SERVER 管理平台、CREATE VIEW 命令和模板创建视图。

相关资讯

1. 视图的基础

视图是查看数据库表中数据的一种方式。视图提供了存储预定义的查询语句以作为数据库中的对象供以后使用的能力。视图是一种逻辑对象，是一种虚拟表。除非是索引视图，否则视图不占物理存储空间。在视图中被查询的表称为视图的基表。大多数的 SELECT 语句都可以用在视图的创建中。

视图是从一个或多个基表(或视图)中导出的表。视图的特点在于，它可以是连接多张表的虚表，也可以是使用 WHERE 子句限制返回行的数据查询的结果，所以视图可以是专用的，比表更面向用户。一般来说，在使用敏感数据的企业里，视图几乎是唯一可以用来面向普通用户的数据库对象。

视图与表(也称为基本表——Base Table)不同，视图是一个虚表，即视图所对应的数据不进行实际存储。数据库中只存储视图的定义，对视图的数据进行操作时，系统根据视图的定义去操作与视图相关联的基本表。使用视图的优点和作用主要有：

(1) 视图可以使用户只关心他感兴趣的某些特定数据和他们所负责的特定任务，而那些不需要的或者无用的数据则不在视图中显示。

(2) 视图大大地简化了用户对数据的操作。

(3) 视图可以让不同的用户以不同的方式看到不同或者相同的数据集。

(4) 在某些情况下，由于表中数据量太大，因此在表的设计时常将表进行水平或者垂直分割，但表的结构的变化对应用程序产生不良的影响。而使用视图可以重新组织数据，从而使外模式保持不变，原有的应用程序仍可以通过视图来重载数据。

(5) 视图提供了一个简单而有效的安全机制。

2．创建视图的注意事项

在创建视图之前，需要注意以下几点：

(1) 只能在当前数据库中创建视图，在视图中最多只能引用 1024 列，视图中记录的数目限制只由其基表中的记录数决定。

(2) 视图的命名必须符合 SQL Server 中标识符的定义规则。每个用户所定义的视图名称必须唯一，而且不能与该用户的某个表同名。

(3) 可以将视图建立在其他视图或者引用视图的过程之上。

(4) 不能在视图上创建索引，不能在规则、默认、触发器的定义中引用视图。

(5) 定义视图的查询语句中不能包括 ORDER BY、COMPUTE、COMPUTE BY 子句或是 INTO 等关键词。

(6) 视图的名称必须遵循标识符的规则，且对每个用户必须是唯一的。此外，该名称不得与该用户拥有的任何表的名称相同。

(7) 不能创建临时视图，而且也不能在临时表上创建视图。

(8) 不能对视图进行全文查询。

3．利用 CREATE VIEW 命令创建视图

CREATE VIEW 的语法形式如下：

```
CREATE VIEW 视图名[(列名[?...n])]
          [WITH ENCRYPTION]
          AS
          定义视图的 SELECT 语句
          [WITH CHECK OPTION]
```

其中：

视图的名称必须遵守 SQL Server 标识符命名规则。用户可以在定义视图名的时候定义视图的所有者。

视图中使用的列名可以省略。不指定列名时，视图中的列名会沿用基表中的列名。但是，当遇到以下情况时，必须为视图提供列名：

(1) 视图中的某些列来自表达式、函数或常量。

(2) 视图中两个或多个列在不同表中具有相同的名称。

(3) 希望在视图中的列使用不同于基表中的列名时。

视图中各列的名字也可以在 SELECT 语句中定义。

WITH ENCRYPTION 视图的定义存储在 syscomments 系统表中。如果使用了这一子句，那么 syscomments 中的视图定义被加密，从而保证视图的定义不被他人获得。

定义视图的 SELECT 语句：SELECT 语句中可以使用多个表及其他视图，也可以使用 UNION 关键词合并起来的多个 SELECT 语句。

WITH CHECK OPTION 强制所有通过视图修改的数据满足 Select_statement 语句中指定的条件。

4．利用模板创建视图

使用视图模板可以很容易地创建视图。

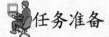

任务准备

一台装有 Windows XP 或 Windows Server 2003 操作系统并装有 SQL Server 2008 的电脑。

任务实施

【任务 1】 用 SQL Server 管理平台创建视图：在"班级管理系统"数据库中创建"083102 软件班学生视图"，要求有"学号"、"姓名"、"班级编号"、"课程名称"、"课程编号"、"成绩"字段。

任务分析：要创建视图中的字段来自不同的表，其中"学号"、"姓名"、"班级编号"三个字段来自"学生信息表"，"课程名称"、"课程编号"两个字段来自"课程信息表"，"成绩"字段来自"成绩信息表"。当然"学号"、"课程编号"两个字段也可以来自"成绩信息表"。

操作步骤如下：

① 在 SQL SERVER 管理平台中展开要创建视图的数据库"班级管理系统"，用鼠标右键单击【视图】选项，在弹出的快捷菜单中选择【新建视图】命令，如图 4-25 所示。

图 4-25　创建视图

② 接着就出现添加表对话框，如图 4-26 所示。该对话框包括四个选项卡，分别显示了当前数据库的用户"表"、用户"视图"、用户"函数"和"同义词"。选定表、视图、函数或者同义词后弹出【添加】按钮，可以添加创建视图的基表。重复执行此操作，可以添加多个基表。添加完毕后，单击"关闭"按钮。

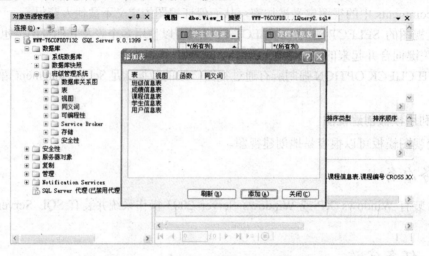

图 4-26　添加、视图、函数、同义词对话框

③ 添加完基表后，可以在图 4-27 所示窗口的图表窗格中看到新添加的基表，以及基表之间的外键引用关系。图 4-27 显示了添加"学生信息表"、"课程信息表"和"成绩信息表"作为基表的情况。

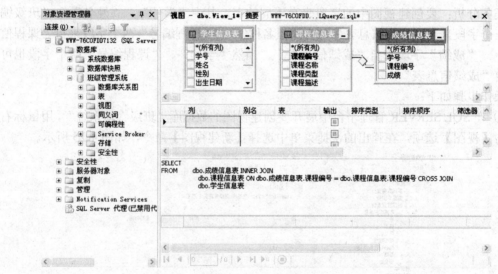

图 4-27　查看基表情况

④ 在图 4-27 中，每个基表的每一列左边都有一个复选框，选择该复选框可以指定该列在视图中被引用。比如，选择"学号"、"姓名"、"班级编号"、"课程名称"、"课程编号"、"成绩"列，如图 4-28 所示。

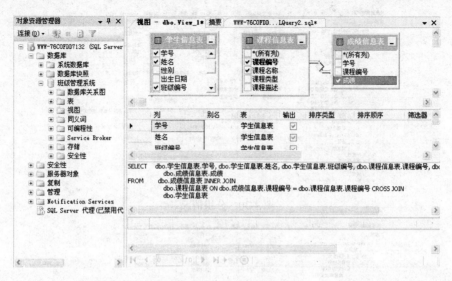

图 4-28 选择视图中出现的列

⑤ 图 4-28 中的第二个窗格是条件窗格，在这个窗格中可以指定查询条件。条件窗格中显示了所有在图表窗格中选中的、要在视图中引用的列。也可以通过对每一列选中或取消选中【输出】复选框来控制该列是否在视图中出现。

⑥ 图 4-28 所示窗口的条件窗格中有"筛选器"列，它用于输入对在视图中出现的列的限制条件。该条件相当于定义视图的查询语句中的 WHERE 子句，比如，在"学号"的筛选器列中输入">2008310202"，即创建的视图只包括学号是 2008310202 以后的记录信息；在"班级"的筛选器列中输入"=083102"，如图 4-29 所示。

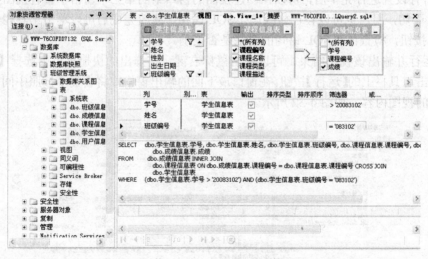

图 4-29 设置定义视图的查询条件

⑦ 要在视图的定义中依照某一字段进行分组，可以在图 4-29 所示窗口的条件窗格中用鼠标右键单击该字段，并在弹出的快捷菜单中选择"选择分组依据"，如图 4-30 所示。执行分组后如图 4-31 所示。

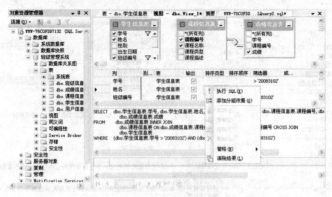

图 4-30　分组情况

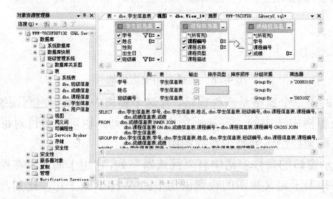

图 4-31　执行分组后的情况

⑧ 所有设置进行完毕后，可以在创建视图的窗口中的第三个窗格中查看视图查询条件的 T-SQL 语句，用户也可以自己修改该 T-SQL 语句。修改完成后可以单击工具栏上的【验证 SQL】按钮，检查该 T-SQL 语句的语法是否正确。

⑨ 运行并输出该视图结果，可以单击鼠标右键，在弹出的快捷菜单中选择【运行】，也可以单击工具栏上的【运行】按钮。在窗口最下面的输出窗格中将会显示按照中间的 T-SQL 语句生成的视图内容，如图 4-32 所示。

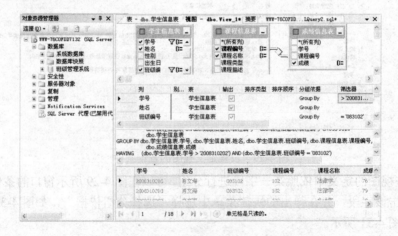

图 4-32　查看视图内容

⑩ 最后单击工具栏上的"保存"按钮保存，并输入视图名称"083102 软件班学生视图"。至此，完成了一个视图的创建。

【任务 2】　用 SQL 语句创建视图：在"班级管理系统"数据库中创建"083102 软件班学生视图 2"，要求有"学号"、"姓名"、"班级编号"、"课程名称"、"课程编号"、"成绩"字段。

操作步骤如下：

① 在查询窗口中输入以下命令文本：

CREATE　VIEW　083102 软件班学生视图 2

AS

SELECT 学生信息表.学号, 姓名, 班级编号,

课程信息表.课程名称, 课程信息表.课程编号, 成绩

FROM　学生信息表, 课程信息表　INNER JOIN

　　　成绩信息表　ON　课程信息表.课程编号= 成绩信息表.课程编号

where　班级编号='083102'

② 单击【执行】按钮，得到结果如图 4-33 所示。

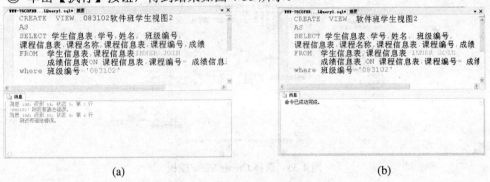

(a)　　　　　　　　　　　　　　　(b)

图 4-33　使用 SQL 语句创建视图

提示：

(1) 比较图 4-33(a)与(b)的不同可以得知，在用 SQL 语句创建视图时，视图名不能以数字开头。但在【子任务 1】中用 SQL Server 管理平台下创建视图时，不受此限制。

(2) 如果使用 select*则视图中含有基表的所有字段。

(3) 多表的连接方式。

(4) 别名的用途。

(5) 同名字段的处理。

【任务 3】　用视图模板创建视图。

操作步骤如下：

① 在 SQL Server 管理平台中，选择【视图】菜单中的【模板资源管理器】选项，如图 4-34 所示。

② 在出现的【模板资源管理器】选项中选择【创建视图】选项，如图 4-35 所示。

③ 右击【Create View】→【打开】→【连接到数据库引擎】对话框中单击【连接】，

打开如图 4-36 所示的查询窗口，按照提示输入数据库名称、视图名称、select 语句后，执行此语句，即可创建视图。

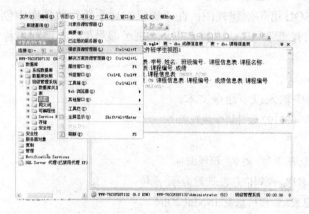

图 4-34　选择工具菜单中的向导命令

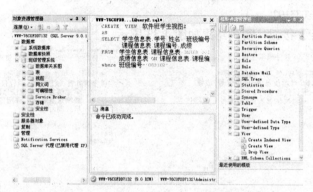

图 4-35　选择 Create View 模板

图 4-36　选择创建视图模板

SQL Server 2008 提供了如下几种创建视图的方法：

(1) 用 SQL Server 管理平台创建视图。

(2) 用 Transact-SQL 语句中的 CREATE VIEW 命令创建视图。

(3) 利用 SQL Server 管理平台的视图模板创建视图。

子任务 2　运用视图

任务描述

用户对视图可以进行查询操作。对视图的查询实际上仍是查询基表上的数据，因为视图不是在物理上存储的数据。同样地，对视图中的记录进行的插入、修改、删除也是作用在基表上的。

相关资讯

1. 操作视图的条件

对视图进行查询、插入、修改以及删除的语法与表的完全一样，但对视图进行插入、修改、删除等操作，需要以下条件：

(1) 修改视图中的数据时，不能同时修改两个或者多个基表，可以对基于两个或多个基表或者视图进行修改，但是每次修改都只能影响一个基表。

(2) 不能修改那些通过计算得到的字段，例如包含计算值或者合计函数的字段。

(3) 如果在创建视图时指定了 WITH CHECK OPTION 选项，那么使用视图修改数据库信息时，必须保证修改后的数据满足视图定义的范围。

(4) 执行 UPDATE、DELETE 命令时，所删除与更新的数据必须包含在视图的结果集中。

(5) 如果视图引用多个表时，无法用 DELETE 命令删除数据，若使用 UPDATE 命令则应与 INSERT 操作一样，被更新的列必须属于同一个表。

2. 使用视图向表中插入数据

(1) 在 Microsoft SQL Server 2008 中，用户可以指定带有指定数值月份的日期数据。例如，5/20/97 表示 1997 年 5 月 20 日。使用数值日期格式时，可以在字符串中以斜杠(/)、连字符(-)或句点(.)作为分隔符来指定月、日、年。

(2) 如果在创建视图时定义了限制条件(例如 where 性别='女'等等)，或者基表的列允许取空值或者有默认值，而插入的记录不满足该条件时，仍然可以向表中插入记录，只是在视图中检索时不会出现新插入的记录。如果不想让上述情况发生，则可以使用 with check option 选项限制插入不符合视图规则的视图。

3. 使用视图修改表的数据

使用视图可以修改数据记录，但应该注意的是，修改的只是数据库中的基表。

4. 使用视图删除表中的数据

使用视图删除记录，可以删除任何基表中的记录，直接利用 DELETE 语句删除记录即可。但应该注意，必须指定在视图中定义过的字段来删除记录。

任务准备

一台装有 Windows XP 或 Windows Server 2003 操作系统并装有 SQL Server 2008 的电脑。

任务实施

【任务 1】 创建一个包含限制条件的视图并测试：首先创建一个视图"学生_V"视图，限制条件为性别= '女'，然后插入了一条不满足限制条件的记录，再用 SELECT 语句检索视图和表。

操作步骤如下：

① 在查询窗口中输入以下命令文本：

```
CREATE   VIEW   学生_V (学号, 姓名, 性别, 班级编号)
AS
SELECT   学号, 姓名, 性别, 班级编号
FROM   学生信息表
WHERE   性别='女'
WITH   CHECK   OPTION
```

② 单击【执行】按钮，得到结果如图 4-37 所示。

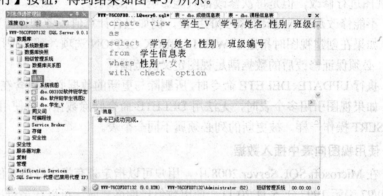

图 4-37　在视图中正确插入一条记录

③ 执行下面的语句，得到结果如图 4-38 所示。

```
INSERT   INTO   学生_V
VALUES('2008310209','李文','男','083102')
```

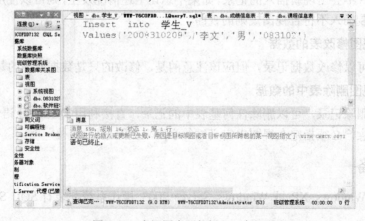

图 4-38　在视图中不能插入一条记录

提示：

(1) 执行以上语句可向学生信息表中添加一条性别是"女"的新数据记录。

(2) 当添加一条性别是"男"的新数据记录时，系统提示：

"消息 550，级别 16，状态 1，第 1 行

试图进行的插入或更新已失败，原因是目标视图或者目标视图所跨越的某一视图指定了 WITH CHECK OPTION，而该操作的一个或多个结果行又不符合 CHECK OPTION 约束。

语句已终止。"

【任务 2】 更新视图：更新视图"学生_V"，然后通过该视图修改"学生信息表"中的记录。

操作步骤如下：

① 在查询窗口中输入以下命令文本：

UPDATE　学生_V

SET　姓名='何小倩'

WHERE　学号='2009420101'

② 单击【执行】按钮，得到结果如图 4-39 所示。

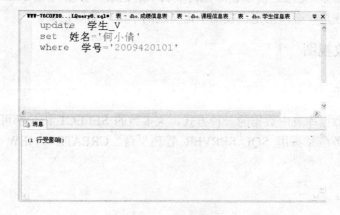

图 4-39　更新视图

提示：

(1) 学号是"2009420101"的学生姓名由"何倩"变为"何小倩"。

(2) 在查询窗口中执行上述语句，可以看到刚通过视图插入到学生信息表中的数据行被修改了。

【任务 3】 用视图删除表中的数据：利用视图"学生_V"删除"学生信息表"中姓名为李小文的记录。

操作步骤如下：

① 在查询窗口中输入以下命令文本：

delete　学生_V

where　学号='2009420101'

② 单击【执行】按钮，得到结果如图 4-40 所示。

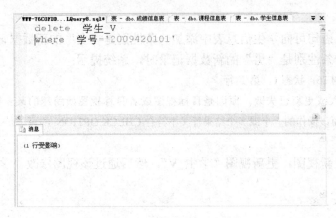

图 4-40　能删除表中的数据

提示：

(1) 图 4-40 中能正常删除学号=“2009420101”的记录。若要删除的记录来源于存在外键约束的两个表，就不能正常删除。只有先取消它们之间的外键约束，才可能正常删除。

(2) 使用视图删除记录，可以删除任何基表中的记录，直接利用 DELETE 语句删除记录即可。但应该注意，必须指定在视图中定义过的字段来删除记录。

子任务 3　修改视图

 任务描述

视图是查看数据库表中数据的一种方式。大多数的 SELECT 语句都可以用在视图的创建中。本工作任务应掌握用 SQL SERVER 管理平台、CREATE VIEW 命令、模板创建视图。

相关资讯

1. 使用 SQL Server 管理平台修改视图

打开“SQL Server Management Studio”，展开服务器，打开要操作的数据库，展开视图对象，可以看到我们刚才创建的视图，单击鼠标右键，选择【修改】，便可以进入视图修改界面，方法与创建视图类似。

2. 使用 T-SQL 语句修改视图

ALTER VIEW 语句，该语句的语法形式如下：

ALTER VIEW 视图名

[(字段名[,...n])]

[WITH ENCRYPTION]

AS

定义视图的语句：

[WITH CHECK OPTION

说明：

修改视图的方法有以下两种：

(1) 使用 SQL Server 管理平台修改视图。

(2) 使用 ALTER VIEW 语句修改视图。

3. 重命名视图

重命名视图方法有以下两种：

(1) 用 SQL Server 管理平台对视图重新命名。

(2) 使用系统存储过程 sp_rename 来修改视图的名称，该过程的语法形式如下：

　sp_rename　old_name,new_name

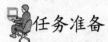任务准备

一台装有 Windows XP 或 Windows Server 2003 操作系统并装有 SQL Server 2008 的电脑。

任务实施

【任务 1】　用管理平台修改视图：用 SQL Server 管理平台修改"软件班学生视图"。

操作步骤如下：

① 在 SQL Server 管理平台中展开要创建视图的"班级管理"数据库，展开"视图"文件夹，用鼠标右键单击"软件班学生视图"，在弹出的快捷菜单中选择【设计】命令，如图 4-41 所示。

图 4-41　修改视图的窗格

② 在图表窗格的基表中添加或者去掉相应的字段。

③ 在条件窗格中添加或者去掉相应的条件。

④ 所有修改进行完毕后，可以在创建视图的窗口中的第三个窗格(SQL 窗格)中查看视图查询条件的 T-SQL 语句，用户也可以自己修改该 T-SQL 语句。修改完成后可以单击工具栏上的【验证 SQL】按钮，检查该 T-SQL 语句的语法是否正确。

⑤ 要运行并输出该视图结果，可以单击鼠标右键，在弹出的快捷菜单中选择【执行SQL】命令，也可以单击工具栏上的【运行】按钮。在窗口最下面的输出窗格中将会显示按照中间的 T-SQL 语句生成的视图内容，如图 4-42 所示。

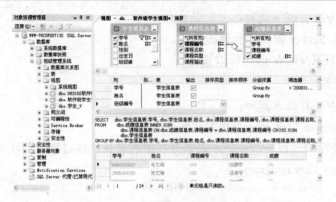

图 4-42　视图修改的内容

⑥ 最后单击工具栏上的【保存】按钮保存修改的视图。至此，完成了一个视图的修改。

【任务 2】 用 SQL 语句修改视图。

操作步骤如下：

① 在查询窗口中输入以下命令文本：

ALTER　VIEW　软件班学生视图

AS

SELECT　学生信息表.学号, 姓名, 班级编号, 系别

课程信息表.课程名称,课程信息表.课程编号,成绩

FROM　　学生信息表,课程信息表　INNER JOIN

　　　　成绩信息表　ON　课程信息表.课程编号= 成绩信息表.课程编号

where　班级编号='083102'

② 单击【执行】按钮，得到结果如图 4-43 所示。

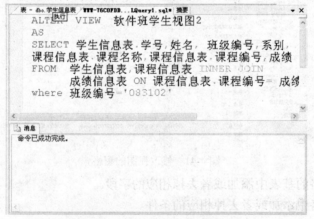

图 4-43　使用 SQL 语句修改视图

提示：

(1) 请考虑能否在修改视图时增加新字段？

(2) 使用 ALTER VIEW 语句修改视图。但首先必须拥有使用视图的权限，然后才能使用。

【任务 3】 用管理平台重命名视图：把视图"软件班学生视图 2"重命名为"学生

视图"。

操作步骤如下：

在 SQL Server 管理平台中，选择要修改名称的视图，即"软件班学生视图 2"，并用鼠标右键单击该视图，从弹出的快捷菜单中选择【重命名】选项，或者在视图上再次单击，该视图的名称变成可输入状态，直接输入新的视图名称即可对视图重新命名。如图 4-44 所示。

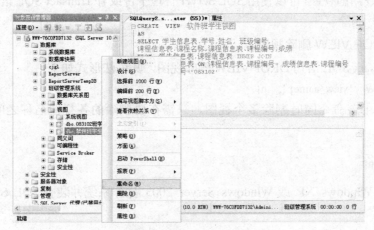

图 4-44　用管理平台重命名视图

【任务 4】　用 SQL 语句重命名视图：把视图"学生视图"重命名为"学生视图_V"。

操作步骤如下：

① 在查询窗口中输入以下命令文本：

sp_rename　学生视图,学生视图_V

② 单击【执行】按钮，得到结果如图 4-45 所示。

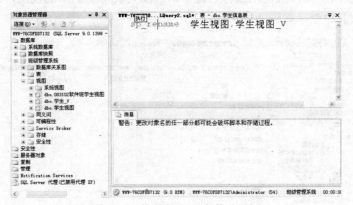

图 4-45　使用 SQL 语句修改视图

子任务 4　删除视图

任务描述

当不再需要视图或要清除该视图的定义和与之关联的访问权限定义时，可以删除视图。

当视图被删除之后，该视图基表中存储的数据并不会受到影响，但是任何建立在该视图之上的其他数据库对象的查询都将会发生错误。

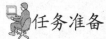 相关资讯

1. 用 SQL Server 管理平台删除视图

对于不再使用的视图，可以使用 SQL Server 管理平台或者 Transact-SQL 语句中的 DROP VIEW 命令进行删除。

2. 用 DROP VIEW 删除视图

使用 Transact-SQL 语句 DROP VIEW 删除视图，其语法形式如下：

DROP VIEW {view_name} [,…n]

也可以使用该命令同时删除多个视图，只需在要删除的各视图名称之间用逗号隔开即可。

 任务准备

一台装有 Windows XP 或 Windows Server 2003 操作系统并装有 SQL Server 2008 的电脑。

任务实施

【任务 1】 用 SQL Server 管理平台删除视图：用 SQL Server 管理平台删除"班级管理系统"数据库中的"学生视图_V"视图。

操作步骤如下：

① 在 SQL Server 管理平台中展开视图所在的数据库。

② 展开"视图"文件夹，用鼠标右键单击视图列表中要删除的视图，在弹出的快捷菜单中选择【删除】命令，如图 4-46 所示。

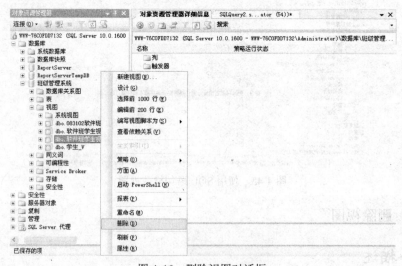

图 4-46　删除视图对话框

③ 如果确认要删除视图，则单击图 4-47 所示对话框中的【确定】按钮，也可以单击【显示相关性】按钮查看数据库中与该视图有依赖关系的其他数据库对象。

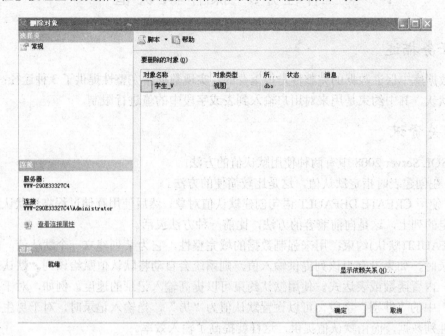

图 4-47　删除视图对象对话框

【任务 2】用 SQL 语句删除视图：同时删除视图"学生视图_V"和"软件班学生视图"。
操作步骤如下：
① 在查询窗口中输入以下命令文本：
drop　view　学生视图_V, 083102 软件班学生视图
② 单击【执行】按钮，得到结果如图 4-48 所示。

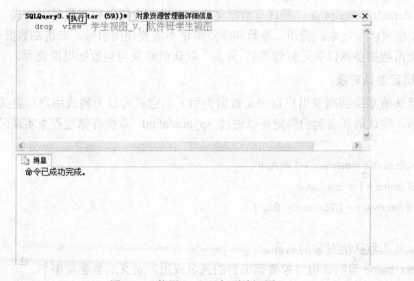

图 4-48　使用 SQL 语句删除视图

工作任务 3　操 作 默 认 值

任务描述

在数据库中保证数据的完整性是很重要的，实现数据库完整性提供了 3 种途径：约束、规则和默认，其中约束是用来对用户输入到表或字段中的值进行限制。

相关资讯

在 SQL Server 2008 中有两种使用默认值的方法：

(1) 在创建表时指定默认值，这是比较简便的方法。

(2) 使用 CREATE DEFAULT 语句创建默认值对象，然后使用存储过程将该默认对象绑定到指定的列上，这是向前兼容的方法，比前一种方法灵活。

DEFAULT(默认)约束：用来强制数据的域完整性，它为某列建立一个默认值，当用户插入记录时，如果没有为该列提供输入值，则系统会自动将默认值赋给该列。默认值可以是常量、内置函数或表达式。使用默认约束可以提高输入记录的速度。例如，对于"学生信息表"中的"性别"字段，可以设置默认值为"男"，当输入记录时，对于男生就可以不输入性别数据，而由默认值提供，这样就提高了输入效率。

1. 创建默认对象

CREATE DEFAULT 创建默认对象的语法格式如下：

```
CREATE DEFAULT default_name
AS default_description
```

其中参数说明如下：

(1) default_name：默认值的名称。

(2) default_description：是任意数据类型的常量、内置函数或数学表达式。字符和日期常量用单引号(')引起来；货币、整数和浮点常量不需要使用引号。二进制数据必须以"0x"开头，货币数据必须以美元符号"$"开头。默认值必须与列数据类型兼容。

2. 绑定默认对象

将默认值捆绑到列或用户自定义数据类型上，它就可以为列或用户自定义数据类型提供默认值。默认值和表列的绑定可以通过 sp_bindefault 系统存储过程来实现。其语法格式如下：

```
sp_bindefault [ @defname = ] 'default' ,
[ @objname = ] 'object_name'
[ , [ @futureonly = ] 'futureonly_flag' ]
```

其中：

default 为默认值对象的名称。

object_name 为默认值对象要捆绑到的列名或用户定义的数据类型名。

futureonly_flag 仅在将默认值绑定到用户定义的数据类型时才使用。futureonly_flag 的

数据类型为 varchar(15)，默认值为 NULL。将此参数设置为 futureonly 时，它会防止现有的属于此数据类型的列继承新的默认值。当将默认值绑定到列时不会使用此参数。如果 futureonly_flag 为 NULL，那么新默认值将绑定到用户定义数据类型的任一列，条件是此数据类型当前无默认值或者使用用户定义数据类型的现有默认值。

3. 解除绑定

若要解除某列或用户自定义数据类型上绑定的默认对象，可使用 sp_unbindefault 存储过程。

1) 使用系统存储过程

使用 sp_unbinddefault 解除绑定的语法格式如下：

sp_unbinddefault[@objname=]'object_name'[, [@futureonly =] 'futureonly_flag']

其中：

object_name 为要解除默认值捆绑的列或用户自定义数据类型的名称。

futureonly_flag 仅用于解除用户定义数据类型默认值的绑定。当参数 futureonly_flag 为 futureonly 时，现有的属于该数据类型的列不会失去指定默认值。

解除默认值对象与用户定义类型及表字段的绑定关系后，可以删除当前数据库中的一个或多个默认值对象，语法格式为

DROP DEFAULT{default}[,...n]

其中：参数 default 为现有默认值对象名；

参数 n 表示可以指定多个默认值对象同时被删除。

2) 用 T-SQL 语句

若不再需要默认对象时，可使用 DROP DEFAULT 语句删除该默认对象，但是要注意的是删除默认对象之前，要确保该默认对象已经解除绑定。

DROP DEFAULT 语法格式如下：

DROP DEFAULT{default}[, ...n]

其中：default 是现有的默认对象的名称。

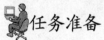 任务准备

一台装有 Windows XP 或 Windows Server 2003 操作系统以及 SQL Server 2008 软件的电脑。

 任务实施

【任务 1】 使用管理平台创建 DEFAULT 约束：在"学生信息表"表中将字段"系别"设置默认值为"不知属哪个系"。

操作步骤如下：

① 启动管理平台，在"树"窗格中点击数据库"班级管理系统"前面的"+"号展开数据库，单击"表"选项则右侧窗格将出现数据库中所包含的表。用鼠标右键单击"学生信息表"，在出现的快捷菜单中选择【设计】命令。

② 在"学生信息设计表"对话框中将光标定位于"系别"字段，在下面的属性框的

"默认值"栏中输入："不知属哪个系"，结果如图 4-49 所示。

图 4-49　"默认值"设置

【任务 2】　使用 CREATE DEFAULT 创建默认值对象。

操作步骤如下：

① 在查询窗口中输入以下命令文本：

USE 班级管理系统

Go

CREATE DEFAULT　性别　As '男'

② 单击【执行】按钮，在"班级管理系统"数据库中创建了一个"性别"默认值。

【任务 3】　将默认值捆绑到数据库表中的列上：将前面创建的默认值捆绑到"班级管理系统"的"学生信息表"的"性别"列上。

操作步骤如下：

① 在查询窗口中输入以下命令文本：

USE　班级管理系统

EXEC sp_bindefault '性别', '学生信息表.性别'

② 在 SQL Server 管理平台执行上述语句，结果如下：

已将默认值绑定到列

该结果表示默认值成功地捆绑到列上。

【任务 4】　当向"学生信息表"中插入一条记录，不提供"性别"列的值。

操作步骤如下：

① 在查询窗口中输入以下命令文本：

USE 班级管理系统

INSERT INTO 学生信息表(学号,姓名,系别)

VALUES('00007','程伟','计算机')

② 单击【执行】按钮，结果如下：

(1 行受影响)

打开"学生信息表"，会看到"性别"一列被自动添加了当前系统的时间，如图 4-50 所示。

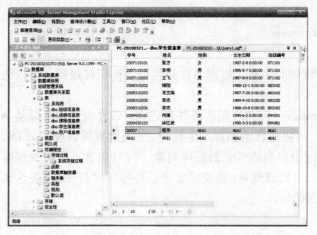

图 4-50   向"学生信息表"中插入"程伟"这条记录

【任务 5】 解除默认值对象"性别"与"班级管理系统"中用户"学生信息表"之间的绑定关系，然后删除名为"性别"的默认值对象。

操作步骤如下：

① 在查询窗口中输入以下命令文本：

USE 班级管理系统

EXEC sp_unbindefault '学生信息表.性别'

DROP DEFAULT 性别'

② 单击【执行】按钮，结果如下，表示默认值已从列上解除：

　　　　　(所影响的行数为 1 行)

　　　已从表的列上解除了默认值的绑定。

工作任务 4   操 作 规 则

 任务描述

规则也是实现数据完整性的方法之一。它的作用是在向表的某列插入或更新数据时，用来限制输入值的取值范围。

规则和默认值一样，在数据库中定义一次就可以被多次使用。

规则与 CHECK 约束的不同之处有：

(1) 在一列上只能使用一个规则，但可以使用多个 CHECK 约束。

(2) 规则可以用于多个列，还可以用于用户自定义的数据类型，而 CHECK 约束只能应用于它所定义的列。

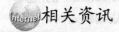 相关资讯

1. 规则的语法

规则语法为：

```
CREATE RULE    rule_name
 As    condition_expression
```

说明：

rule_name：新规则的名称。规则名称必须符合标识符规则，可以选择是否指定规则所有者的名称。

condition_expression：定义规则的条件表达式。条件表达式可以是 WHERE 子句中任何有效的表达式，并且可以包含诸如算术运算符、关系运算符以及诸如 IN、LIKE、BETWEEN 等关键字。规则不能引用列或其他数据库对象，可以包含不引用数据库对象的内置函数。条件表达式中包含一个局部变量，该变量必须以符号"@"打头。该表达式引用通过 UPDATE 或 INSERT 语句输入的值。

2. 捆绑规则

捆绑规则可以使用 sp_bindrule 系统存储过程，其语法为：

```
sp_bindrule [ @rulename = ] 'rule' ,
 [ @objname = ] 'object_name'
 [ , [ @futureonly = ] 'futureonly_flag' ]
```

说明：

[@rulename =] 'rule'：由 sp_bindrule 过程创建的规则名称。rule 的数据类型为 nvarchar(776)，无默认值。

[@objname =] 'object_name'：绑定了规则的表和列或用户定义的数据类型。object_name 的数据类型为 nvarchar(517)，无默认值。如果 object_name 没有采取 table.column 格式，则认为它属于用户定义数据类型。默认情况下，用户定义的数据类型的现有列除非直接在列上绑定了规则，否则继承 rule。

[@futureonly =] 'futureonly_flag'：仅用于解除用户定义数据类型默认值的绑定。futureonly_flag 的数据类型为 varchar(15)，其默认值为 NULL。当参数 futureonly_flag 为 futureonly 时，现有的属于该数据类型的列不会失去指定默认值。

3. 查看规则

可利用 sp_helptext 存储过程和使用 SQL Server Management Studio 查看规则。

4. 解除绑定规则

(1) 用 sp_unbindrule 存储过程解除绑定规则，其语法为：

```
sp_unbindrule [@objname =] 'object_name'
[, [@futureonly =] 'futureonly_flag']
```

说明：

[@objname =] 'object_name'：要解除规则绑定的表和列或者用户定义数据类型的名称。object_name 的数据类型为 nvarchar(776)，无默认值。如果参数不是 table.column 的形式，则假定 object_name 为用户定义数据类型。当为用户定义数据类型解除规则绑定时，所有属于该数据类型并具有相同规则的列也同时解除规则绑定。对属于该数据类型的列，如果其规则直接绑定到列上，则该列不受影响。

[@futureonly =] 'futureonly_flag'：仅用于解除用户定义数据类型默认值的绑定。futureonly_flag 的数据类型为 varchar(15)，其默认值为 NULL。当参数 futureonly_flag 为 futureonly 时，现有的属于该数据类型的列不会失去指定默认值。

(2) 使用 SQL Server Management Studio 删除绑定规则。

5. 使用 DROP RULE 命令删除规则

使用 DROP RULE 命令删除规则的语法为：

DROP RULE { rule } [,...n]

说明：

rule：表示要删除的规则名称。

n：表示可以指定多个规则。

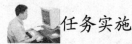

任务准备

一台装有 Windows XP 或 Windows Server 2003 操作系统并装有 SQL Server 2008 的电脑。

任务实施

【任务 1】 在"班级管理系统"数据库中创建只允许录入数字"0～100"名为"course_rule"的规则。

在 SQL Query 标签页中执行如下的命令：

USE 班级管理系统

GO

CREATE RULE course_rule

AS @x>=0 AND @x<=100

GO

运行结果如图 4-51 所示。

图 4-51　使用 CREATE RULE 创建规则 course_rule

【任务 2】在"班级管理系统"数据库中创建输入只是"男"或"女",名为"sex_rule"的规则。

在 SQL Query 标签页中执行如下的命令:

USE 班级管理系统

GO

CREATE   RULE sex_rule   AS   @sex in ('男','女')

GO

运行结果如图 4-52 所示。

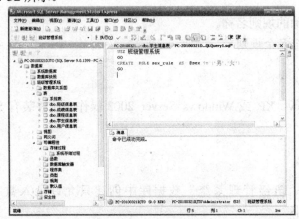

图 4-52   使用 CREATE RULE 创建规则 sex_rule

【任务 3】 将 course_rule 规则绑定到"成绩信息表"中"成绩"列上。

在 SQL Query 标签页中执行如下的命令:

USE 班级管理系统

GO

EXEC sp_bindrule course_rule,'成绩信息表.成绩'

GO

运行结果如图 4-53 所示。

图 4-53   使用 sp_bindrule 绑定规则 course_rule

【任务 4】　将 sex_rule 规则绑定到"学生信息表"中"性别"列上。

在 SQL Query 标签页中执行如下的命令：

USE 班级管理系统

GO

EXEC sp_bindrule sex_rule,'学生信息表.性别'

GO

运行结果如图 4-54 所示。

图 4-54　使用 sp_bindrule 绑定规则 sex_rule

【任务 5】　利用 sp_helptext 存储过程查看规则：利用 sp_helptext 存储过程查看数据库"班级管理系统"中的规则对象 course_rule。

在 SQL Query 标签页中执行如下的命令：

USE 班级管理系统

GO

EXEC sp_helptext course_rule

GO

运行结果如图 4-55 所示。

图 4-55　利用 sp_helptext 存储过程查看规则

【任务 6】　使用 SQL Server Management Studio 查看规则：使用 SQL Server Management Studio 查看数据库"班级管理系统"中的规则对象 course_rule。

操作步骤如下：

① 在对象资源管理器树中展开"班级管理系统"数据库。

② 继续展开结点"可编程性"及其子结点"规则"。

③ 在"规则"结点下用鼠标右键单击"dbo. course_rule"，在弹出的菜单中选择【查看依赖关系】命令。

④ 在弹出的"对象依赖关系"对话框中可以看到依赖于"course_rule"对象和"course_rule"依赖的对象。如图 4-56 所示。

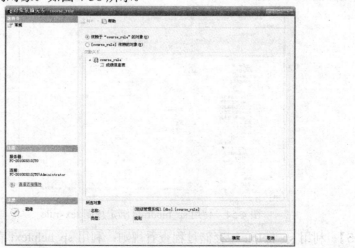

图 4-56　使用 SQL Server Management Studio 查看规则

【任务 7】　将 sex_rule 规则在"学生信息表"的"性别"列上的绑定解除。

在 SQL Query 标签页中执行如下的命令：

USE 班级管理系统

GO

EXEC sp_unbindrule'学生信息表.性别'

GO

运行结果如图 4-57 所示，已将绑定的规则解除。

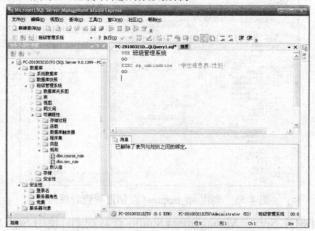

图 4-57　用 sp_unbindrule 解除绑定规则

【任务 8】 使用 DROP RULE 命令删除规则 sex_ rule。

在 SQL Query 标签页中执行如下的命令：

USE 班级管理系统

GO

DROP RULE sex_rule

GO

运行结果如图 4-58 所示。

图 4-58　用 DROP RULE 命令删除规则

若在没有解除绑定的情况下直接删除该规则，执行如下命令：

USE 班级管理系统

GO

DROP RULE course_Rule

GO

则会出现如图 4-59 所示错误信息。

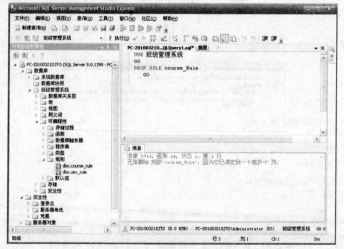

图 4-59　没有解除绑定直接删除规则

【任务 9】 使用 SQL Server Management Studio 将数据库"班级管理系统"中的规则对象 sex_rule 删除。

操作步骤如下：

① 在对象资源管理器树中展开"班级管理系统"数据库。

② 继续展开结点"可编程性"及其子结点"规则"。

③ 在"规则"结点下用鼠标右键单击"dbo. sex_rule"，在弹出的菜单中选择【删除】命令。

④ 在弹出的"删除对象"对话框中单击【确定】按钮确认删除，如图 4-60 所示。

图 4-60　使用 SQL Server Management Studio 删除默认值

如果在没有解除绑定的情况下直接删除规则，则会出现错误提示如图 4-61 所示。

图 4-61　使用管理平台删除没有解除绑定的规则

工作任务 5　操作存储过程

 任务描述

本工作任务是对存储过程的应用与管理。

相关资讯

1．存储过程基础

存储过程是一组编译在单个执行计划中的 Transact-SQL 语句，它将一些固定的操作集中起来交给 SQL Server 数据库服务器完成，以实现某个任务。从理论上讲，存储过程可以实现任何功能，不仅可以查询表中的数据，还可以向表中添加记录、修改记录和删除记录。复杂的数据处理也可以用存储过程来实现。

当客户程序需要访问服务器上的数据时，如果是直接执行 Transact-SQL 语句，一般要经过以下几个步骤：

(1) Transact-SQL 语句发送到服务器。

(2) 服务器编译 Transact-SQL 语句。

(3) 优化产生查询执行计划。

(4) 数据库引擎执行查询计划。

(5) 执行结果发回客户程序。

存储过程是 SQL 语句和部分控制流语句的预编译集合，存储过程被进行了编译和优化。具体来说，使用存储过程有以下优点：

(1) 存储过程在服务器端运行，执行速度快。

(2) 存储过程执行一次后，其执行规划就驻留在高速缓冲存储器中，在以后的操作中，只需从高速缓冲存储器中调用已编译好的二进制代码执行，提高了系统性能。

(3) 确保数据库的安全。使用存储过程可以完成所有数据库操作，并可通过编程方式控制上述操作对数据库信息的访问权限。

(4) 自动完成需要预先执行的任务。存储过程可以在系统启动时自动执行，而不必在系统启动后再进行手工操作，大大方便了用户的使用，可以自动完成一些需要预先执行的任务。

SQL Server 支持以下 5 种类型的存储过程：

(1) 系统存储过程。系统存储过程是由系统提供的存储过程，作为命令执行各种操作。

(2) 本地存储过程。本地存储过程是指在用户数据库中创建的存储过程，这种存储过程完成特定数据库操作任务，其名称不能以"sp_"为前缀。

(3) 临时存储过程。临时存储过程属于本地存储过程。如果本地存储过程的名称前面有一个"#"，该存储过程就称为局部临时存储过程，这种存储过程只能在一个用户会话中使用。

(4) 远程存储过程。远程存储过程指从远程服务器上调用的存储过程。

（5）扩展存储过程。在 SQL Server 环境之外执行的动态链接库称为扩展存储过程，其前缀是"sp_"，使用时需要先加载到 SQL Server 系统中，并且按照使用存储过程的方法执行。

2．创建存储过程

通过 Transact-SQL 命令创建用户存储过程的基本语法格式：

```
CREATE  PROCEDURE  procedure_name
[ { @parameter data_type[ = default ] [ OUTPUT ]} ]
[ ,...n1 ]
[ WITH  ENCRYPTION }]
AS
sql_statement
```

说明：

procedure_name：用于指定存储过程名，必须符合标识符规则，且对于数据库及其所有者必须唯一。建议不在过程名称中使用前缀"sp_"。此前缀由 SQL Server 使用，以指定系统存储过程。可在 procedure_name 前面使用一个数字符号"#"（如#procedure_name)来创建局部临时过程，使用两个数字符号"##"（如##procedure_name)来创建全局临时过程。

@ parameter：存储过程的形参，"@"符号作为第一个字符来指定参数名。参数名必须符合标志符规则。创建存储过程时，可声明一个或多个参数，每个过程的参数仅用于该过程本身；其他过程中可以使用相同的参数名称。默认情况下，参数只能代替常量表达式，而不能用于代替表名、列名或其他数据库对象的名称。

data_type：参数的数据类型。除 table 之外的其他所有数据类型均可以用作 Transact-SQL 存储过程的参数。

Default：参数的默认值，如果执行存储过程时未提供参数的的变量值，则使用 Default 值。默认值必须是常量或 NULL。如果过程使用带 LIKE 关键字的参数，则可包含%、_、[]和[^]通配符。

OUTPUT：指示参数是输出参数。此选项的值可以返回给调用 EXECUTE 的语句。使用 OUTPUT 参数将值返回给过程的调用方。

WITH ENCRYPTION：指示 SQL Server 将 CREATE PROCEDURE 语句的原始文本转换为模糊格式。模糊代码的输出在 SQL Server 2008 的任何目录视图中都不能直接显示。

sql_statement：要包含在过程中的一个或多个 Transact-SQL 语句。

3．执行存储过程

可以使用 EXECUTE 语句来运行存储过程。存储过程与函数不同，因为存储过程不返回取代其名称的值，也不能直接在表达式中使用。执行存储过程必须具有执行存储过程的权限许可，才可以直接执行。直接执行存储过程可以使用 EXECUTE 命令来执行，语法形式如下：

```
[[EXEC[UTE]] {[@return_status=] {procedure_name[;number]|@procedure_name_var}
     [[@parameter=]{value|@variable[OUTPUT]|[DEFAULT]} [,...n]
```

主要参数的意义：

@return_status：为一整型局部变量，用于保存存储过程的返回值。

@procedure_name_var：是局部定义变量名，代表存储过程名称。

(1) 按位置传递。这种方法是在执行存储过程的语句中直接给出参数的值。参数值必须是常量或变量，不能为函数。若要调用函数，应该先把函数调用赋给一个变量，然后引用该变量。当有多个参数时，给出的参数值的顺序与创建存储过程的语句中的参数顺序相一致，即参数传递的顺序就是参数定义的顺序。语法格式如下：

EXECUTE　存储过程名　参数值

(2) 通过参数名传递。这种方法是在执行存储过程的语句中，使用"参数名=参数值"的形式给出参数值。通过参数名传递参数的好处是：参数可以按任意顺序给出。语法格式如下：

EXECUTE　存储过程名　　参数名=参数值

(3) 使用默认参数值。执行存储过程时，不输入参数传值。语法格式如下：

EXECUTE 存储过程名

4．修改存储过程

可以根据用户的要求或者基表定义的改变而修改存储过程。使用 ALTER PROCEDURE 语句可以更改通过执行 CREATE　PROCEDURE 语句创建的过程，但不会更改权限，也不影响相关的存储过程或触发器。修改存储过程语法形式如下：

ALTER PROC[EDURE] procedure_name[;number]

[{@parameter data_type}

[VARYING][=default][OUTPUT]][,...n]

AS

sql_statement [...n]

5．重命名存储过程

修改存储过程的名称可以使用系统存储过程 sp_rename，其语法形式如下：

sp_rename　原存储过程名称，新存储过程名称

6．删除存储过程

删除存储过程将把该过程关联的所有权限也随同丢失。删除存储过程可以使用 DROP 命令，DROP 命令可以将一个或者多个存储过程或者存储过程组从当前数据库中删除，其语法形式如下：

drop procedure {procedure}[,...n]

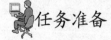
任务准备

一台装有 Windows Server 2003 或 Windows XP 操作系统的电脑，并安装 Visual Studio 2005 和 SQL Server 2008 等软件。

任务实施

【任务1】　创建存储过程：创建一个带有 SELECT 语句的简单存储过程，该存储过程返回所有男生的姓名、学号、班级号等。该存储过程不使用任何参数。

操作步骤如下：

① 在查询窗口中输入以下命令文本：

CREATE PROCEDURE stud_pr AS

SELECT * FROM 学生信息表 WHERE 性别='男'

② 单击【执行】按钮，该存储过程的执行结果如图 4-62 所示。

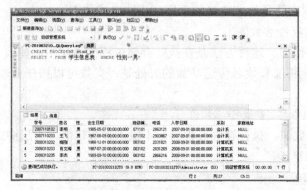

图 4-62　任务 1 运行结果

【任务 2】　创建存储过程：创建一个存储过程，以简化对"成绩信息表"的数据添加工作，使得在执行该存储过程时，其参数值作为数据添加到表中。

操作步骤如下：

① 在查询窗口中输入以下命令文本：

CREATE PROCEDURE　　pr1_sc

@Param1 char(9),@Param2 char(4),@Param3 real

AS

BEGIN

　　insert into 成绩信息表(学号,课程编号,成绩) values(@Param1,@Param2,@Param3)

END

GO

② 单击【执行】按钮，该存储过程的执行结果如图 4-63 所示。

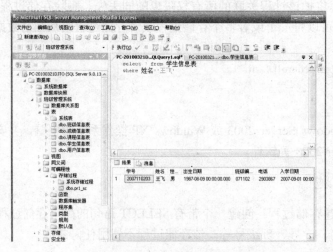

图 4-63　任务 2 运行结果

【任务 3】 创建存储过程：存储过程中的第一个参数"@sname"将接收由调用程序指定的输入值(学生姓名)，第二个参数"@sscore"(成绩)将用于将该值返回调用程序。SELECT 语句使用"@sname"参数获取正确的@sscore 值，并将该值分配给输出参数。

操作步骤如下：

① 在查询窗口中输入以下命令文本：

```
CREATE PROCEDURE stu_score
@sname char(8),@sscore real output
AS
SELECT @sscore =成绩 from 成绩信息表 join 学生信息表 on 学生信息表.学号=成绩信息表.学号
where  姓名=@sname
GO
```

② 单击【执行】按钮，该存储过程的执行结果如图 4-64 所示。

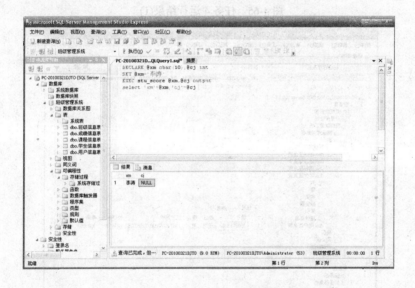

图 4-64 任务 3 运行结果

【任务 4】 创建存储过程：创建一个参数的缺省值中使用通配符的存储过程。

操作步骤如下：

① 在查询窗口中输入以下命令文本：

```
CREATE PROCEDURE pr_fn
@fna varchar(10)='李%'
AS
SELECT * FROM 学生信息表 WHERE  姓名 like @fna
GO
```

② 使用"exec pr_fn"执行存储过程，其结果如图 4-65 所示；若使用"exec pr_fn'王%'"执行存储过程，其结果如图 4-66 所示。

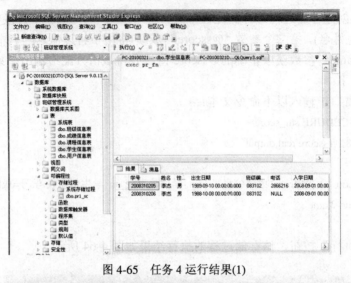

图 4-65　任务 4 运行结果(1)

图 4-66　任务 4 运行结果(2)

【任务 5】　修改存储过程：修改子任务 1 的存储过程 stud_pr，使之只包含姓名、班级名信息，并使用 ENCRYPTION 关键字使之无法通过查看 syscomments 表来查看存储过程的内容。

操作步骤如下：

① 在查询窗口中输入以下命令文本：

ALTER PROCEDURE [dbo].[stud_pr] AS

WITH ENCRYPTION

SELECT 姓名, 班级名 FROM 学生信息表 WHERE 性别='男'

② 单击【执行】按钮即完成操作。

工作任务 6　操 作 触 发 器

 **任务描述**

触发器是一种特殊的存储过程，它在执行语言事件时自动生效。使用触发器可以实施更为复杂的数据完整性约束。触发器可以使用 T-SQL 语句进行复杂的逻辑处理，因此常常用于复杂的业务规则。本工作任务是对触发器的应用与管理。

相关资讯

1．触发器概述

触发器是一种特殊的存储过程，它在执行语言事件时自动生效。例如，当对某一个表进行诸如 UPDATE、INSERT、DELETE 这些操作时，SQL Server 就会自动执行触发器所定义的 T-SQL 语句，从而确保对数据的处理必须符合由这些 T-SQL 语句所定义的规则。使用触发器可以实施更为复杂的数据完整性约束。触发器可以使用 T-SQL 语句进行复杂的逻辑处理，因此常常用于复杂的业务规则。

2．触发器功能及特点

触发器的一般功能如下：

(1) 级联修改数据库中相关的表。

(2) 执行比检查约束更为复杂的约束操作。

(3) 拒绝或回绝违反引用完整性的操作。

(4) 比较表修改前后数据之间的差别，并根据差别采取相应的操作。

在数据库管理过程中使用触发器有以下优点：

(1) 触发器可以自动激活在相对应的数据表中的数据。

(2) 触发器可以通过数据库中的相关数据表进行层叠更改。

(3) 触发器可以强制实施某种限制，这些限制比使用 CHECK 约束定义的限制更加复杂。而且比使用 CHECK 约束更为方便的是，触发器可以引用其他数据表中的列。

3．DML 触发器的创建

创建 DML 触发器有两种方法：使用 SQL Server management studio 向导创建和 Transact-SQL 语句创建。

1) 用 SQL Server management studio 向导创建触发器

在 SQL Server 管理平台中，展开指定的服务器和数据库项，然后展开表，选择并展开要在其上创建触发器的表，用鼠标右键单击触发器选项，如图 4-67 所示，从弹出的快捷菜单中选择【新建触发器】选项，则会出现触发器创建窗口，如图 4-68 所示。最后，单击【执行】按钮，即可成功创建触发器。

图 4-67　新建触发器进入

图 4-68　新建触发器窗口

2) 用 Transact-SQL 语句创建触发器

使用 CREATE TRIGGER 命令创建 DML 触发器的语法形式如下：

CREATE TRIGGER <trigger name> ON <table or view name>

[WITH APPEND]

[NOT FOR REPLICATION]

AS

<sql statements>

其中：

trigger_name 为要创建的触发器名称。

tablelview 指在其上执行触发器的表或视图的名称。

sql_statement 为触发器所执行的 T-SQL 语句。

4．DDL 触发器创建

仅在要响应由 Transact-SQL DDL 语法指定的 DDL 事件时，DDL 触发器才会被激发。
DDL 触发器不支持执行类似 DDL 操作的系统存储过程。

在响应当前数据库或服务器中处理的 Transact-SQL 事件时，可以激发 DDL 触发器。触发器的作用域取决于事件。DDL 触发器的触发事件主要是 CREATE、ALTER、DROP 以及 GRANT、DENY、REVOKE 等语句，并且触发的时间条件只有 AFTER，DDL 触发器无法作为 INSTEAD OF 触发器使用。

使用 CREATE TRIGGER 命令创建 DDL 触发器的语法形式如下：

```
CREATE TRIGGER trigger_name
ON {ALL SERVER|DATABASE}[WITH <ddl_trigger_option> [ ,...n ]]
AS {sql_statement[;] [...n]|EXTERNAL NAME <method specifier>[;]}
```

5. 修改触发器

通过 SQL Server 管理平台以及存储过程可以修改触发器的正文和名称。

(1) 使用 SQL Server 管理平台修改触发器正文。在管理平台中，展开指定的表，用鼠标右键单击要修改的触发器，从弹出的快捷菜单中选择【修改】选项，如图 4-69 所示，则会出现触发器修改窗口，如图 4-70 所示。

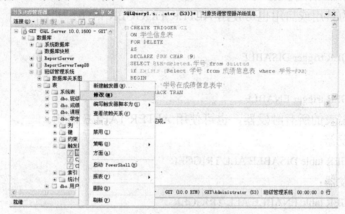

图 4-69　修改触发器进入

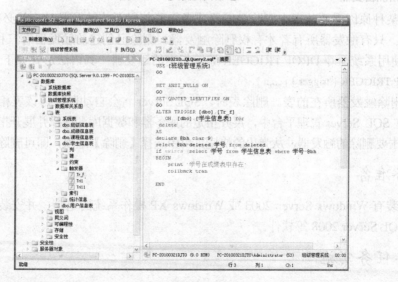

图 4-70　修改触发器窗口

在文本框中修改触发器的 SQL 语句，单击【语法检查】按钮，可以检查语法是否正确，单击【执行】按钮，可以成功修改此触发器。

(2) 修改 DML 触发器的语法形式如下：

ALTER TRIGGER schema_name.trigger_name ON (table|view)

AS {sql_statement[;][...n]|EXTERNAL NAME <method specifier>[;]}

(3) 修改 DDL 触发器的语法形式如下：

ALTER TRIGGER trigger_name   ON {DATABASE|ALL SERVER}

AS {sql_statement[;]|EXTERNAL NAME <method specifier> [;]}

(4) 使用 sp_rename 命令修改触发器的名称，其语法形式如下：

sp_rename oldname,newname

6．将触发器设置为禁用或启用

在管理平台中，展开指定的表，用鼠标右键单击要禁用或启用的触发器，从弹出的快捷菜单中选择【禁用/启用】选项即可。

触发器设置为禁用或启用也可使用 ALTER TRIGGER 语句。

启用触发器：

ALTER TRIGGER trigger DISABLE

禁用触发器：

ALTER TRIGGER trigger ENABLE

要禁用或启用表的所有触发器，也可使用 ALTER TABLE 语句。

启用所有触发器：

ALTER TRIGGER table DISABLE ALL TRIGGER

禁用所有触发器：

ALTER TRIGGER table ENABLE ALL TRIGGER

7．删除触发器

由于某种原因需要从表中删除触发器或者需要使用新的触发器时，就必须首先删除旧的触发器。只有触发器所有者才有权删除触发器。删除已创建的触发器有三种方法：

(1) 使用系统命令 DROP TRIGGER 删除指定的触发器。其语法形式如下：

DROP TRIGGER { trigger } [,...n]

(2) 删除触发器所在的表。删除表时，SQL Server 将会自动删除与该表相关的触发器。

(3) 在 SQL Server 管理平台中，展开指定的服务器和数据库，选择并展开指定的表，用鼠标右键单击要删除的触发器，从弹出的快捷菜单中选择【删除】选项，即可删除该触发器。

 任务准备

一台装有 Windows Server 2003 或 Windows XP 操作系统的电脑，并安装 Visual Studio 2005 和 SQL Server 2008 等软件。

任务实施

【任务 1】 创建触发器：在触发器中使用逻辑表 INSERTED 和 DELETED。

操作步骤如下：

① 在查询窗口中输入以下命令文本：

USE 班级管理系统

GO

CREATE TRIGGER trt

ON 成绩信息表

FOR INSERT, UPDATE, DELETE

AS

PRINT 'inserted 表：'

SELECT * FROM INSERTED

PRINT 'deleted 表：'

SELECT * FROM DELETED

GO

② 创建上述触发器并执行，就可在该表的触发器上看到所定义的触发器 trt，然后执行以下查询程序，可看到如图 4-71 所示结果：

USE 班级管理系统

GO

INSERT INTO 成绩信息表

VALUES('2007110101','105',88)

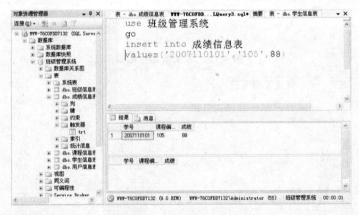

图 4-71 任务 1 运行结果

【任务 2】 创建触发器：建立一个触发器，当向"成绩信息表"中添加数据时，如果添加的数据与"学生信息表"、"课程信息表"中的数据不匹配(没有对应的学号、课程号)，则将此数据删除。

操作步骤如下：

① 在查询窗口中输入以下命令文本：

USE 班级管理系统

GO

CREATE TRIGGER chj_ins ON 成绩信息表

```
FOR INSERT
AS
BEGIN
DECLARE @bh char(9),@chh char(4)
SELECT @BH=INSERTED.学号 FROM INSERTED
SELECT @CHH=INSERTED.课程编号 FROM INSERTED
IF (not exists (select  学号 from  学生信息表 where  学生信息表.学号=@bh)
or not exists(select  课程编号 from  课程信息表 where  课程信息表.课程编号=@chh))
DELETE  成绩信息表 where  学号=@bh and  课程编号=@chh
END
```

② 触发器运行结果如图 4-72 所示，该触发器起作用的示例如图 4-73 所示。

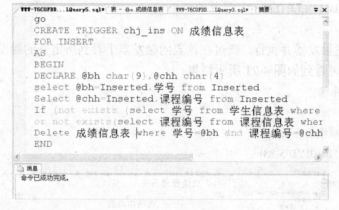

图 4-72　触发器运行结果

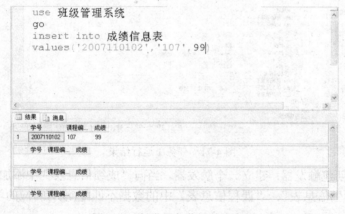

图 4-73　触发器起作用的示意图

【任务 3】 创建触发器：当插入或更新成绩列时，该触发器检查插入的数据是否处于设定的范围内。

操作步骤如下：

① 在查询窗口中输入以下命令文本：

USE 班级管理系统

```
GO
CREATE TRIGGER sc_insupd
ON  成绩信息表
FOR INSERT, UPDATE
AS
DECLARE @cj int
SELECT @cj=inserted.成绩 from inserted
IF (@cj<0 or @cj > 100)
BEGIN
    RAISERROR ('成绩的取值必须在到之间', 16, 1)
    ROLLBACK TRANSACTION
END
```

② 运行该触发器即可。

情 境 总 结

在本学习情境中，我们对数据库中一些重要的数据库对象做了详尽的介绍。大家在使用这些对象时，要注意类比，比如默认值和规则、存储过程和触发器的创建、执行和删除等操作。

存储过程是存放在服务器上的 Transact-SQL 语句的预编译集合，它以一个名称存储在数据库中，作为一个单元来处理。触发器是对触发器表进行修改时自动执行的特殊存储过程。触发器通过防止非授权或不一致的修改来确保数据的完整性。触发器可用于确保数据完整性、引用完整性和封装事务规则。

练 习 题

一、填空题

1. _____子句用于将查询结果集存储到一个新的数据库表中。
2. _____子句用于指出所查询的表名以及各表之间的逻辑关系。
3. _____子句用于指定对记录的过滤条件。
4. _____子句用于对查询到的记录进行分组。
5. _____子句用于指定分组统计条件，要与 GROUP BY 子句一起使用。
6. _____子句用于对查询到的记录进行排序处理。
7. 在 SELECT 语句中，_____子句和_____子句是必选项，其他子句均为可选项。
8. 使用 SELECT 语句选择表中的某些字段时，各字段名之间要以_____号分隔。
9. 当表名或字段名中有空格时，则在使用表名或字段名时应该用_____号或_____号将其括起来。

二、简答题

1. 简述相关子查询的特点及查询语句的执行过程。
2. 创建视图的作用是什么？
3. 简述什么是存储过程。
4. 简要说明存储过程的语法格式。
5. 简述什么是触发器。
6. 简要说明触发器的语法格式。

学习情境 5　数据库安全管理

情 境 引 入

　　SQL Server 2008 的安全性管理是建立在认证和访问许可两种机制上的。认证是指确定登录 SQL Server 的用户的登录帐户和密码是否正确，以此来验证其是否具有连接 SQL Server 的权限。但是通过认证阶段并不代表能够访问 SQL Server 中的数据，用户只有在获取访问数据库的权限之后，才能够对服务器上的数据库进行权限许可下的各种操作(主要是针对数据库对象，如表、视图、存储过程等)。

工作任务 1　登录帐户管理

任务描述

　　掌握 SQL Server 安全认证模式及区别以及各种认证模式下的登录帐户的管理，如添加登录帐户、修改登录帐户、拒绝登录帐户、删除登录帐户。

相关资讯

　　系统不管使用哪种认证方式，用户都必须具备有效的 Windows NT 或 Windows 2003 的用户登录帐号。SQL Server 有三个默认的用户帐号：sa(系统管理员，在 SQL Server 中拥有系统和数据库的所有权限)、BUILTIN\Administrators(SQL Server 为每个 NT 系统管理员提供的默认用户帐号，在 SQL Server 中拥有系统和数据库的所有权限)和 guest(访问系统的默认用户帐号)。

任务准备

　　一台装有 SQL Server 2008 数据库服务器的电脑，且安装有 SQL Server Management

Studio 数据库服务管理平台。

任务实施

【任务 1】 添加 Windows 身份验证登录帐户。

在 Windows 认证方式中，如果要增加一个新用户"gong"，使其能通过信任链接访问 SQL Server，有以下两种方法。

方法一：通过 SQL Server 管理平台来建立 SQL Server 认证的登录帐户。

操作步骤如下：

① 创建 Windows 的用户：以管理员身份登录到 Windows，用鼠标右键单击【我的电脑】，出现一个快捷菜单，选择【管理】命令，进入如图 5-1 所示的界面，用鼠标右键单击【用户】图标，出现一个快捷菜单，选择【新用户】命令，进入如图 5-2 所示的界面，输入用户名和密码，单击【创建】按钮，然后单击【关闭】按钮。

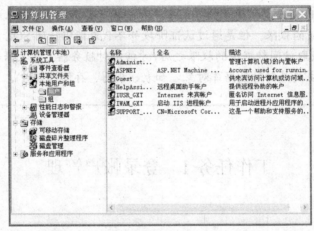

图 5-1　Windows 本地计算机的管理界面

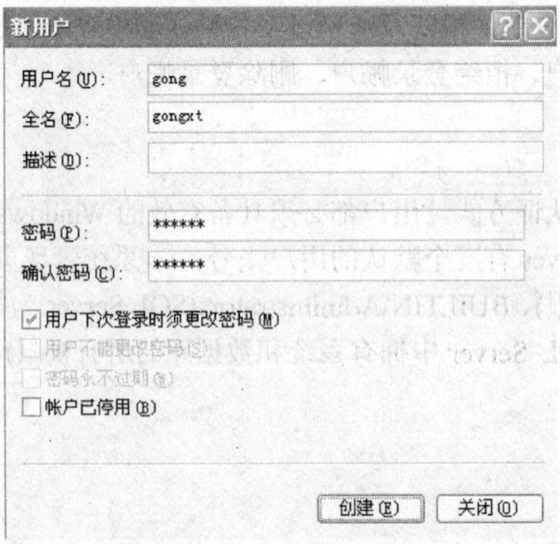

图 5-2　Windows 本地计算机创建新用户的界面

② 将 Windows 网络帐户加入 SQL Server 2008 中：以管理员身份登录 SQL Server 2008，进入 SQL Server 管理平台，用鼠标右键单击图 5-3 中的【安全性】下的【登录名】图标，在快捷菜单中选择【新建登录名】命令，将出现如图 5-4 所示的界面，单击【常规】标签中的【搜索】按钮，选择用户名或用户组添加到 SQL Server 登录用户列表中，如本例的用户名为："GXT\gong"，其中 GXT 为本地计算机名。

图 5-3　选择"新建登录名"命令

图 5-4　SQL Server 2008 新建登录对话框

方法二：使用系统存储过程创建 Windows 认证的登录帐户。

在创建 Windows 的用户或组后，使用系统存储过程 sp_grantlogin 可将一个 Windows 的用户或组的登录帐户添加到 SQL Server 中，以便可以通过 Windows 身份验证连接到 SQL Server。

语法格式：

sp_grantlogin[@loginname=]'login'

参数：

@loginname=：原样输入的常量字符串。

login：要添加的 Windows 的用户或组名称。

返回值：0(dnal)或 1(失败)。

例如：把计算机名为"GXT\gong"的用户加入 SQL Server 中。

  EXEC sp_grantlogin　　'GXT\gong'

或

  EXEC sp_grantlogin　　[GXT\gong]

【任务 2】 添加 SQL Server 身份验证登录。

例如要创建一个名为"gong"的帐户，可用以下两种方法：

方法一：通过 SQL Server 管理平台来建立 SQL Server 认证的登录帐户。

操作步骤如下：

① 进入 SQL Server 管理平台，在图 5-5 所示的界面中用鼠标右键单击【登录名】图标，在弹出的快捷菜单中选择【新建登录名】命令，将出现如图 5-5 所示的界面。

② 输入帐号和密码，选择【SQL 服务器身份验证】方式，然后单击【确定】按钮。

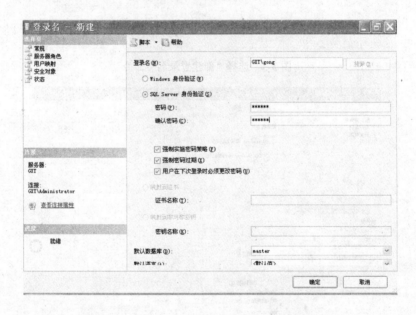

图 5-5　SQL　Server 2008 新建登录帐户对话框

方法二：使用系统存储过程创建 SQL Server 认证的登录帐户。

使用系统提供的存储过程 sp_addlogin 建立新的 SQL Server 认证模式的登录帐户，其语法格式如下：

  sp_addlogin[@loginame =]'login'

  [,[@passwd =]'password']

  [,[@=defab]'database']

  [,[@deflanguage =]'language']

其中参数解释如下：

@loginame：登录帐户名。在同一个服务器上用户的帐户名必须唯一。

@passwd：帐户的密码。

@defab：新建立帐户的默认数据库。如果不设置此参数，则默认值为 master 数据库。

@ deflanguage：默认的语言。

注意：

(1) SQL Server 的登录帐户名必须符合 SQL Server 的命名规则。

(2) 登录名包括 "\" 字符。

(3) 登录名不能为 NULL 或一个空字符串。

(4) 新建的登录名不能是一个保留字(如 sa 或 public)或已经存在的登录名。

(5) 返回值：0(成功)或 1(失败)。

下面的例子创建了一个登录帐户。

EXEC sp_addlogin ' gong', '518405', 'master'

GO

这个例子创建了一个名叫 "gong"、密码是 "518405"、默认数据库为 "master" 的帐户。

注意：对于一个没有授予任何权限的新建帐户，默认数据库只能选择 "master"。

【任务 3】　修改登录帐户的属性。

操作步骤如下：

① 在 SQL Server 管理平台中，单击【登录名】图标左边的 "+" 号，则在【登录名】图标下面显示当前所有的登录帐户，如图 5-6 所示。

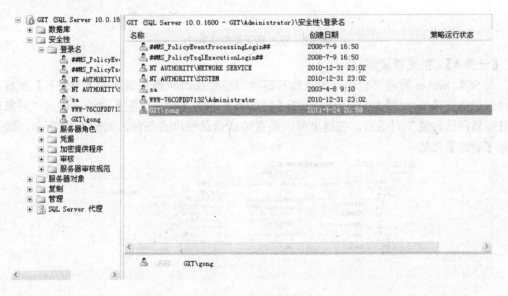

图 5-6　登录帐户列表

② 用鼠标右键单击想要修改的登录帐户，在弹出的快捷菜单中选择【属性】命令(如图 5-7 所示)，在弹出的 "属性" 对话框(如图 5-8 所示)中选择不同的标签来修改登录帐户的不同信息。

图 5-7　修改登录帐户菜单(1)

图 5-8　修改登录帐户菜单(2)

【任务 4】 拒绝登录帐户。

在 SQL Server 管理平台中，用鼠标右键单击想要修改的服务器下的【登录名】图标，在弹出的快捷菜单(如图 5-9 所示)中选择【筛选器】下的【筛选设置】命令，进入"对象资源管理器筛选设置"对话框，在这里可以设置限制登录帐户的条件，如图 5-10 所示，最后单击【确定】按钮。

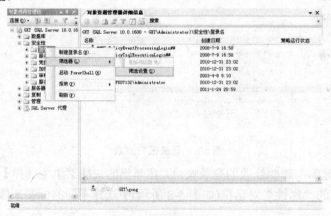

图 5-9　筛选器的菜单

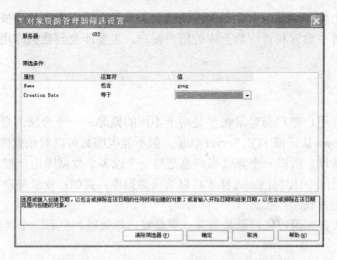

图 5-10　"对象资源管理器筛选设置"对话框

【任务 5】　删除登录帐户。

在 SQL Server 管理平台中，单击【登录名】图标左边的"+"号，则在【登录名】图标下面显示当前所有的登录帐户，如图 5-11 所示。

用鼠标右键单击想要删除的登录帐户，在弹出的快捷菜单中选择【删除】命令，就会从当前数据库中删除该登录帐户。

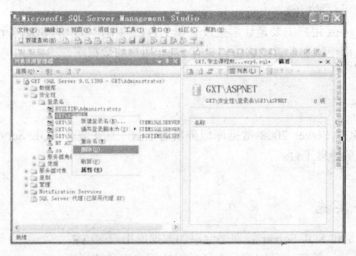

图 5-11　删除登录帐户对话框及菜单

工作任务 2　用户帐户的管理

任务描述

用户登录以后还必须有一个适当的用户帐号才能访问 SQL Server 中的数据。数据库用户是数据库级的主体，是登录名在数据库中的映射，是在数据库中执行操作和活动的执行者。本工作任务旨在设置和管理数据库的用户帐户，主要涉及到数据库用户帐户的添加、修改和删除等工作。

相关资讯

在数据库中，用户帐户与登录帐户是两个不同的概念。一个合法的登录帐户只表明该帐户通过了 Windows 认证或 SQL Server 认证，但不能表明其可以对数据库数据和数据对象进行某种或某些操作，所以一个登录帐户总是与一个或多个数据库用户帐户(这些帐户必须存放在不同的数据库中)相对应，这样才可以访问数据库，例如：登录帐户 sa 自动与每一个数据库用户 dbo 相关联。

通常而言，数据库用户帐户总是与某一登录帐户相关联，但有一个例外，那就是 guest 用户。

在安装系统时，guest 用户被加入 master、pubs、tempdb 和 Northwind 数据中，那么 SQL Server 为什么要进行这样的处理呢？让我们看看在用户通过 Windows 认证或 SQL Server 认证而成功登录 SQL Server 之后，SQL Server 又做了哪些事情：

(1) SQL Server 检查该登录用户是否有合法的用户，如果有合法的用户，则允许其以用户身份访问数据库。否则执行第二步。

(2) SQL Server 检查是否有 guest 用户，如果有，则允许登录用户来访问数据库；如果没有，则该登录用户被拒绝。

由此可见，guest 用户主要是让那些没有属于自己的用户帐户的 SQL Server 登录者作为默认的用户，从而使该登录者能够访问具有 guest 用户的数据库。

任务准备

一台装有 SQL Server 2008 数据库服务器的电脑，且安装有 SQL Server Management Studio 数据库服务管理平台。

任务实施

【任务 1】 通过 SQL Server 管理平台添加数据库用户。

利用 SQL Server 管理平台创建一个新数据库用户帐号的步骤如下：

① 打开 SQL Server 管理平台，先展开要登录的服务器和"数据库"文件夹，然后展开要创建用户的数据库，如图 5-12 所示。

② 展开"安全性"文件夹，用鼠标右键单击【用户】图标，从快捷菜单中选择【新建用户】命令，则出现"数据库用户—新建"对话框，如图 5-13 所示。

③ 在"用户名"框内输入数据库用户名称，在"登录名"选择框内选择已经创建的登录帐号。

④ 在"此用户拥有的架构"和"数据库角色成员身份"选择框中为该用户选择操作权限和数据库角色，最后单击【确定】按钮即可完成数据库用户的创建。

图 5-12　数据库用户列表

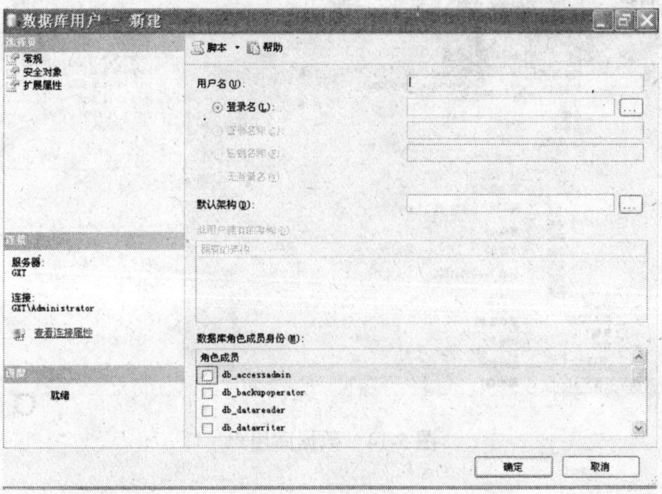

图 5-13　新建用户

【任务 2】　利用系统存储过程添加数据库用户。

除了 guest 用户外，其他用户必须与某一登录帐户相匹配。系统过程 sp_grantdbaccess 就是用来为 SQL Server 登录者或 Windows 用户或用户组建立一个相匹配的数据库用户帐户。其语法格式如下：

sp_grantdbaccess [@loginame =] 'login'

　　　[,[@name_in_db =] 'name_in_db'

参数解释如下：

[@loginame =] 'login'表示 SQL Server 登录帐户或 Windows 用户或用户组。如果使用的是 Windows 用户或用户组，那么必须给出主机名称或网络域名。登录帐户、Windows 用户或用户组必须存在。

[@name_in_db =] 'name_in_db'表示与登录帐户相匹配的数据库用户帐户。该用户帐户未存在于当前数据库中，如果不给出该参数值，则 SQL Server 把登录名作为默认的用户名称。

例 5-1：下面的例子为"班级管理系统"添加了 guest 用户。

USE 班级管理系统

EXEC sp_grantdbaccess 'guest'

GO

例 5-2：将 Windows　HBZY\wang 加入当前数据库中，其用户名为 wang。

EXEC sp_grantdbaccess 'HBZY\wang', 'wang'

【任务 3】 查看或者删除数据库用户。

在 SQL Server 管理平台中，用户也可以查看或者删除数据库用户，具体方法为：

① 展开某一数据库，选中【用户】图标，则在右面的页框中显示当前数据库的所有用户。

② 要删除数据库用户，则在右面的页框中用鼠标右键单击所要删除的数据库用户，从弹出的快捷菜单中选择【删除】选项，如图 5-14 所示，则会从当前的数据库中删除该数据库用户。

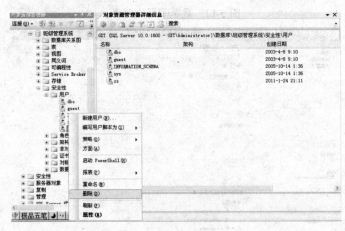

图 5-14　数据库用户

工作任务 3　角 色 管 理

任务描述

角色是由一组用户所构成的组，可以分为数据库角色和服务器角色。本项工作任务的实施过程要求分别对服务器角色和数据库角色进行管理，如添加/删除角色、设置角色权限、添加或移除角色的帐户成员。

相关资讯

1. 服务器角色

服务器角色是指根据 SQL Server 的管理任务，以及这些任务相对的重要性等级把具有 SQL Server 管理职能的用户划分为不同的用户组，每一组所具有的管理 SQL Server 的权限都是 SQL Server 内置的。服务器角色存在于各个数据库之中，要想加入用户，该用户必须拥有登录帐号以便加入到角色中。

SQL Server 2008 提供了 8 种常用的固定服务器角色，其具体含义如下：

(1) 系统管理员(sysadmin)：拥有 SQL Server 的所有权限许可。

(2) 服务器管理员(Serveradmin)：管理 SQL Server 服务器端的设置。

(3) 磁盘管理员(diskadmin)：管理磁盘文件。

(4) 进程管理员(processadmin)：管理 SQL Server 系统进程。

(5) 安全管理员(securityadmin)：管理和审核 SQL Server 系统登录。

(6) 安装管理员(setupadmin)：增加、删除连接服务器，建立数据库复制以及管理扩展存储过程。

(7) 数据库创建者(dbcreator)：创建数据库，并对数据库进行修改。

(8) 批量数据输入管理员(bulkadmin)：管理同时输入大量数据的操作。

2．数据库角色管理

数据库角色是为某一用户或某一组用户授予不同级别的管理或访问数据库以及数据库对象的权限，这些权限是数据库专有的，并且还可以使一个用户具有属于同一数据库的多个角色。

SQL Server 提供了两种类型的数据库角色：固定的数据库角色和用户自定义数据库角色。

1) 固定的数据库角色

固定的数据库角色是指 SQL Server 已经定义了这些角色所具有的管理、访问数据库的权限，而且 SQL Server 管理者不能对其所具有的权限进行任何修改。SQL Server 中的每一个数据库中都有一组固定的数据库角色，在数据库中使用固定的数据库角色可以将不同级别的数据库管理工作分给不同的角色，从而有效地实现工作权限的传递。

SQL Server 提供了 10 种常用的固定数据库角色来授予组合数据库级管理员的权限。

(1) public：每个数据库用户都属于 public 数据库角色，当尚未对某个用户授予或拒绝对安全对象的特定权限时，该用户将继承授予该安全对象的 public 角色的权限。

(2) db_owner：可以执行数据库的所有配置和维护活动。

(3) db_accessadmin：可以增加或者删除数据库用户、工作组和角色。

(4) db_ ddladmin：可以在数据库中运行任何数据定义语言(DDL)命令。

(5) db_securityadmin：可以修改角色成员身份和管理权限。

(6) db_backupoperator：可以备份和恢复数据库。

(7) db_datareader：能且仅能对数据库中的任何表执行 select 操作，从而读取所有表的信息。

(8) db_datawriter：能够增加、修改和删除表中的数据，但不能进行 SELECT 操作。

(9) db_denydatareader：不能读取数据库中任何表中的数据。

(10) db_denydatawriter：不能对数据库中的任何表执行增加、修改和删除数据操作。

2) 用户自定义数据库角色

创建用户定义的数据库角色就是创建一组用户，这些用户具有相同的一组许可。如果一组用户需要执行在 SQL Server 中指定的一组操作并且不存在对应的 Windows 组，或者没有管理 Windows 用户帐号的许可，就可以在数据库中建立一个用户自定义的数据库角色。用户自定义的数据库角色有两种类型，即标准角色和应用程序角色。

标准角色通过对用户权限等级的认定而将用户划分为不同的用户组，使用户总是相对于一个或多个角色，从而实现管理的安全性。所有的固定的数据库角色或 SQL Server 管理者自定义的某一角色都是标准角色。

应用程序角色是一种比较特殊的角色。当我们打算让某些用户只能通过特定的应用程序间接地存取数据库中的数据而不是直接地存取数据库数据时，就应该考虑使用应用程序角色。当某一用户使用了应用程序角色时，他便放弃了已被赋予的所有数据库专有权限，他所拥有的只是应用程序角色被设置的权限。通过应用程序角色，能够以可控制方式来限定用户的语句或者对象许可。

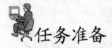 **任务准备**

一台装有 SQL Server 2008 数据库服务器的电脑，且安装有 SQL Server Management Studio 数据库服务管理平台。

 任务实施

【任务 1】 服务器角色管理。

方法一：使用 SQL Server 管理平台创建服务器角色，其操作步骤如下：

① 打开 SQL Server 管理平台，展开指定的服务器，单击【安全性】文件夹，然后单击服务器角色图标，在右边的页框中用鼠标右键单击所要的角色，从弹出的快捷菜单中选择【属性】选项，则出现"服务器角色属性"对话框，如图 5-15 所示。

图 5-15 "服务器角色属性"对话框

② 在该对话框中我们可以看到属于该角色的成员。单击【添加】按钮则弹出"添加成员对话框"，其中可以选择添加新的登录帐号作为该服务器角色成员。

③ 单击【删除】按钮则可以从服务器角色中"删除"选定的帐号。

方法二：使用存储过程管理服务器角色。

操作步骤如下：

将登录者"wang"加入 sysadmin 角色中：

EXEC sp_ addsrvrolemember　' wang' , ' sysadmin'

在 SQL Server 中，管理服务器角色的存储过程主要有两个：sp_addsrvrolemember 和 sp_dropsrvrolemember。

系统存储过程 sp_addsrvrolemember 可以将某一登录帐号加入到服务器角色中，使其成为该服务器角色的成员。其语法形式如下：

sp_addsrvrolemember [@loginame=]　'login', [@rolename=]　'role'

其中：

@loginame 为登录者名称。

@rolename 为服务器角色。

系统存储过程 sp_dropsrvrolemember 可以将某一登录者从某一服务器角色中删除，当该成员从服务器角色中被删除后，便不再具有该服务器角色所设置的权限。其语法形式如下：

sp_dropsrvrolemember [@loginame=] ' login', [@rolename=]' role'

其中：

@loginame 为登录者名称。

@rolename 为服务器角色

【任务 2】　数据库角色管理。

操作步骤如下：

① 在 SQL Server 管理平台中，展开指定的服务器以及指定的数据库，然后展开安全性文件夹，用鼠标右键单击【数据库角色】图标，从弹出的快捷菜单中选择【新建数据库角色】选项，则出现"数据库角色—新建"对话框，如图 5-16 所示。

图 5-16　"数据库角色—新建"对话框

② 在名称文本框中输入该数据库角色的名称；点击架构前的复选框，可设定此角色拥有的架构；单击【添加】按钮，可将数据库用户添加到新建的数据库角色中。

③ 单击【确定】按钮即可完成新的数据库角色的创建。

工作任务 4　权限管理

任务描述

权限是执行操作、访问数据的通行证，只有拥有了针对某种安全对象的指定权限，才能对该对象执行相应的操作。本项工作任务旨在对数据库的各种操作权限进行合理分配，如授予或撤销数据库的对象权限，授予或撤销语句权限。

相关资讯

权限用来指定授权用户可以使用的数据库对象和这些授权用户可以对这些数据库对象执行的操作。用户在登录到 SQL Server 之后，其用户帐号所归属的 Windwos 组或角色所被赋予的许可(权限)决定了该用户能够对哪些数据库对象执行哪种操作以及能够访问、修改哪些数据。在每个数据库中，用户的许可独立于用户帐号和用户在数据库中的角色，每个数据库都有自己独立的许可系统。在 SQL Server 中包括三种类型的许可，即对象许可、语句许可和预定义许可。

1．对象权限

当数据库对象刚刚创建完后，只有所有者可以访问该数据库对象。任何其他用户想访问该对象都必须首先获得所有者赋予他们的权限。所有者可以授予权限给指定的数据库用户。这种权限被称为对象权限(Object Permission)。

概括地说，对象权限是指用户对数据库中的表、存储过程、视图等对象的操作权限。例如，是否可以查询数据库表中的数据，是否可以执行存储过程等。具体包括：

(1) 对表和视图，所有者可以授予其他用户 INSERT、UPDATE、DELETE、SELECT 和 DRI 权限，或者使用 ALL permissions 代替前面五种权限。

(2) 对表和视图的列，所有者可以授予 SELECT 和 UPDATE 权限。

(3) 对存储过程，所有者可以授予 EXECUTE 权限。

说明：

(1) 在数据库用户要对表执行相应的操作之前，必须事先获得相应的操作权限。

(2) DRI 权限允许别的表的所有者引用本表的列作为外键约束。

(3) 存储过程的所有者可以授予 EXECUTE 权限给别的数据库用户。

(4) 具有 sysadmin 固定服务器角色的用户以及数据库对象的所有者，默认拥有对数据库对象进行所有操作的权限。

2．语句权限

数据库所有者还可以授予执行某些 T-SQL 命令的权限，这种权限在 SQL Server 中被称为语句权限(Statement Permission)。这些命令只有特定的用户"dbo"可以使用。如果"dbo"希望别的用户也可以创建表和视图，必须首先授予执行这些命令的权限给那些用户。

概括地说，语句权限是指是否可以执行一些数据定义语句。具体包括：

CREATE DATABASE：创建一个新数据库及存储该数据库的文件。

BACKUP DATABASE：备份整个数据库。

BACKUP LOG：备份事务日志。

CREATE DEFAULT：创建称为默认值的对象。

CREATE FUNCTION：创建用户定义函数。

CREATE PROCEDURE：创建存储过程。

CREATE RULE：创建规则。

CREATE TABLE：创建表。

CREATE VIEW：创建视图。

3. 隐含权限

隐含权限是指系统预定义的服务器角色或数据库角色，或数据库所有者和数据库对象所有者所拥有的权限。隐含权限不能被明确地赋予和撤销。

任务准备

一台装有 SQL Server 2008 数据库服务器的电脑，且安装有 SQL Server Management Studio 数据库服务管理平台。

任务实施

【任务 1】 授予和撤销"班级管理系统"数据库用户 gong 的对象权限。

首先按照下列步骤，可授予用户指定表的对象权限：

操作步骤如下：

① 在 SQL Server 管理平台中，单击包含数据库对象的服务器旁边的"+"号。

② 展开数据库文件夹。在其中的"班级管理系统"数据库中选择要管理权限的"学生信息表"数据表。

③ 用鼠标右键单击【对象】图标来授予权限。从弹出的快捷菜单中选择【属性】命令，如图 5-17 所示。

图 5-17   选择【属性】命令

④ 在出现的"表属性"对话框(如图 5-18 所示)中选取【权限】标签，在【用户或角色】栏下单击【添加】按钮，打开"选择用户或角色"对话框，如图 5-19 所示。在其中添加用户或角色，然后给相应的用户或角色授予相应的权限。

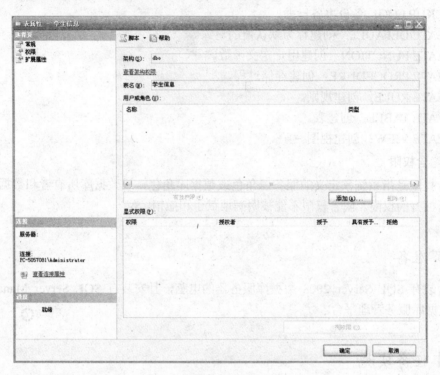

图 5-18　授予和撤销对象权限

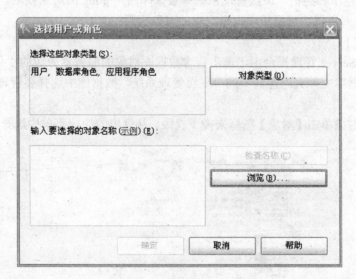

图 5-19　选择用户或角色

⑤ 在"选择用户或角色"对话框中单击【浏览】按钮，显示"查找对象"对话框，如图 5-20 所示。在其中勾选用户"gong"，然后按【确定】按钮返回，如图 5-21 所示。

图 5-20　选择用户或角色

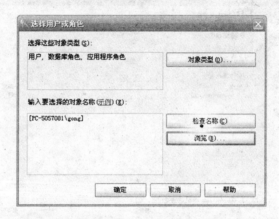

图 5-21　添加用户后的选择用户对话框

⑥ 在图 5-21 上，显示出选中的授权用户"gong"，单击【确定】按钮返回到"表属性"窗口，如图 5-22 所示，并在权限列表的 Delete、Insert、Select 的权限上勾选授予项，最后单击【确定】按钮。

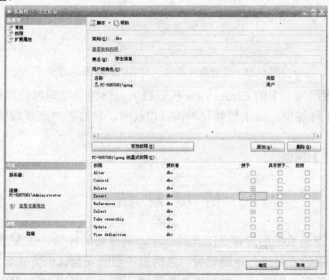

图 5-22　添加用户权限后的"表属性"对话框

如果要撤销用户"gong"在该数据表上的 Delete 权限，只需在图 5-22 所示对话框的权限栏上将对应权限 Delete 的"授予"勾选去掉；如果删除在该表上的所有权限，可将图 5-22 所示的用户列表中的用户"gong"从中移除。

【任务 2】 授予和撤销语句权限。

执行下列步骤，可授予和撤销数据库用户 gong 创建视图的语句权限：

① 在 SQL Server 管理平台中，单击包含数据库对象的服务器旁边的"+"号。

② 展开数据库文件夹，用鼠标右键单击想要在其中授予语句权限的"班级管理系统"数据库，从弹出的快捷菜单中选择【属性】命令，打开"属性"对话框，选取【权限】标签，如图 5-23 所示。

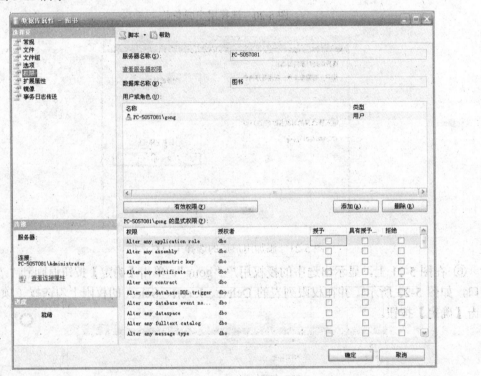

图 5-23 "数据库属性"对话框的权限选项

③ 在出现的权限列表中的 Create view 权限栏上勾选授予项即可获得该语句权限。

④ 在【权限】标签中，如果想要取消该语句权限，只需在对应权限的"授予"框上取消勾选。

⑤ 单击【确定】按钮。

情 境 总 结

数据库安全管理是数据库管理员工作的一个非常重要的环节，主要工作有对数据库的安全认证及访问权限等方面进行正确设置，包括服务器的安全认证方式、登录帐户的管理、数据库用户帐户的管理、服务器及数据库角色管理、各个数据库对象权限的合理分配等。

练 习 题

简答题

1. 登录 SQL Server 2008 可以使用哪两类登录帐号？
2. 简述数据库用户的作用及其与服务器登录帐号的关系。
3. 一个用户或角色的权限有哪些存在形式？
4. 简述应用程序角色的作用及其与标准数据库角色的区别。

学习情境 6　Transact-SQL 编程

情 境 引 入

在数据库开发与应用中,为了更好地对数据库进行数据定义、查询与操纵等操作,需要使用 Transact-SQL 语言。在完成数据库的建立基础后,进一步通过 Transact-SQL 语言中数据类型、变量、运算符、函数、批处理与流程控制等知识及技能的学习,将为数据库应用管理提供技术支持。

工作任务 1　流程控制语句

任务描述

Transact-SQL(T-SQL)提供称为控制流语言的特殊关键字,用于控制 Transact-SQL 语句、语句块和存储过程的执行流。这些关键字可用于临时 Transact-SQL 语句、批处理和存储过程中。

若不使用控制流语言,则各 Transact-SQL 语句按其出现的顺序分别执行。控制流语言使用与程序设计相似的构造使语句得以互相连接、关联和相互依存。

相关资讯

1. 标识符

数据库对象的名称即其标识符。Microsoft SQL Server 2008 中的服务器、数据库和数据库对象(例如表、视图、列、索引、触发器、过程、约束及规则等)都可以有标识符。大多数对象要求有标识符,但对有些对象(例如约束),标识符是可选的。

标识符必须符合一定的规则:第一个字符必须是下列字符之一:"a~z"或"A~Z",以及来自其他语言的字母字符、下划线等。后续字符可以包括:基本拉丁字符或其他国家/

地区字符中的十进制数字符号、美元符号"$"、数字符号或下划线。

标识符一定不能是 Transact-SQL 保留字。SQL Server 可以保留大写形式和小写形式的保留字。

2．注释

注释是程序代码中不执行的文本字符串(也称为备注)。注释可用于对代码进行说明或暂时禁用正在进行诊断的部分 Transact-SQL 语句。使用注释对代码进行说明可便于将来对程序代码进行维护。注释通常用于记录程序名、作者姓名和主要代码更改的日期还可用于描述复杂的计算或解释编程方法。

SQL Server 2008 支持两种类型的注释字符：

(1) "--"(双连字符)。这些注释字符可与要执行的代码处在同一行，也可另起一行。从双连字符开始到行尾的内容均为注释。对于多行注释，必须在每个注释行的前面使用双连字符。

(2) "/* ... */"(正斜杠-星号字符对)。这些注释字符可与要执行的代码处在同一行，也可另起一行，甚至可以在可执行代码内部。开始注释对"/*"与结束注释对"*/"之间的所有内容均视为注释。对于多行注释，必须使用开始注释字符对"/*"来开始注释，并使用结束注释字符对"*/"来结束注释。

3．批处理

批处理是由一个或多个 T-SQL 语句组成的，应用程序将这些语句作为一个单元一次性地提交给 SQL Server，并由 SQL Server 编译成一个执行计划，然后作为一个整体来执行。

如果批处理中的某一条语句发生编译错误，执行计划就无法编译，从而导致批处理中的任何语句都无法执行。

一般用"Go"语句作为批处理的结束语句。

4．数据类型

1) 系统的数据类型

系统的数据类型是 T-SQL 内部支持的固有的数据类型，有关数据类型的分类和说明在相应章节中已有详细说明。

2) 用户定义数据类型

T-SQL 支持用户自定义数据类型，用户定义数据是在系统数据类型基础上的扩充或限定。当对多表进行操作时，这些表中的某些列要存储同样的数据类型，且对该数据类型有完全相同的基本类型(系统数据类型)、长度和是否为空的规则，这时用户可以定义数据类型，并在定义表中的这些列时使用该数据类型。

5．常量

1) 字符串

字符串常量代表特定的一串字符，在使用时用单引号括起来。例如：'Hello'、'计算机'. 如果字符串中要包含单引号，则使用两个单引号表示，例如：'He say:"Hello!"'

可以在字符串内包含字母和数字字符(a～z、A～Z 和 0～9)以及特殊的字符，例如感叹号"！"、at 字符"@"和数据号"#"。

2) Unicode 字符串

Uicode 字符串也属于字符串的一种表达形式，它的格式与普通的字符串类似，不同的是在使用时前面要加上一个 N 标识符(N 必须为大写)，例如：

N'Hello'

N'计算机'

3) 整型常量

根据整型的进制不同，整型又可以分为十进制常量、二进制常量和十六进制常量。其中十进制常量以普通的整数表示；二进制常量即数字"0"和"1"；十六进制常量在使用时要加上前缀"0x"。例如：

200	/*十进制数
−2958	/*十进制数
0	/*十进制数，也可以认为是二进制数，二者在数值上相等
0x60A2	/*十六进制数，代表十进制 24738
0xE5f	/*十六进制数，代表十进制 3679

4) 实型常量

实型常量是包含有小数点的数字，分为定点表示和浮点表示两种。例如：

32.50	/*定点表示的实型常量
25.8E4	/*浮点表示的实型常量，其值为 25.8×10^4
3.2E−2	/*浮点表示的实型常量，其值为 3.2×10^{-2}
−2E6	/*浮点表示的实型常量，其值为 -2×10^6

5) 日期时间常量

使用特定格式的日期值字符来表示日期和时间常量。在使用时用单引号引起来。在 SQL Server 中系统可以识别多种格式的日期时间常量。例如：

'2007-01-01'	/*数字日期格式
'3/12/1995'	/*数字日期格式
'Febrary 2,2000'	/*字母日期格式
'20050825'	/*未分割的字符串日期格式
'12:00:00'	/*时间格式
'05:30:PM'	/*时间格式
'2007-10-10 08:40:30'	/*日期时间格式

6) 货币常量

货币常量代表货币的多少，通常由整型或者实型常量加上"$"前缀构成，例如：

$1234.56

−$200

6. 变量

变量是指在程序的执行过程中可以改变的量，它可以保存特定类型的值。变量包括变量名和数据类型两个属性。变量是一种语言中必不可少的组成部分。T-SQL 语言中有两种形式的变量；一种是用户自己定义的局部变量；另外一种是系统提供的全局变量。在 SQL

Server 2008 中，变量的作用域大多是局部的，也就是说，在某个批处理或者存储过程中，变量的作用范围从声明开始，到该批处理或者存储过程结束。

1) 变量的命名规则

变量的命名要符合标识符的命名规则：

(1) 以 ASCII 字母、Unicode 字母、下画线、@或者#开头，后续可以为一个或多个 ASCII 字母、Unicode 字母、下画线、@、#或者$，但整个标识符不能全部是下画线、@或者#。

(2) 标识符不能是 T-SQL 的关键字。

(3) 标识符中不能嵌入空格或者其他的特殊字符。

(4) 如果要在标识符中使用空格或者 T-SQL 的关键字以及特殊字符，则要使用双引号或者方括号将该标识符括起来。

2) 局部变量的声明和赋值

用 DECLARE 语句声明 T-SQL 的变量，声明的同时可以指定变量的名字(必须以"@"开头)、数据类型和长度，并同时将该变量的值设置为 NULL。

语法格式：

DECLARE {@local_variable data_type}[,...n]

其中：

@local_variable 为局部变量名称，局部变量必须用"@"开头。

data_type 为所声明局部变量的数据类型，data_type 可以是任何由系统提供的或用户定义的数据类型。但是，局部变量不能是 text、ntext 或 image 数据类型。

n 表示可同时声明多个变量，且变量之间用逗号分隔。

如果要为变量赋值，则使用 SET 语句直接赋值，或者使用 SELECT 语句将列表中当前所引用的值为变量赋值。其语法形式为：

SET { { @local_variable = expression }　或者　SELECT { @local_variable = expression } [,...n]

其中，参数@local_variable 是给其赋值并声明的局部变量；参数 expression 是任何有效的 SQL Server 表达式。

例 6-1：将成绩信息表中学号为"200606001"的学生的分数赋值给变量@fenshu，并将该变量的值显示在结果窗口中。

执行如下命令，运行结果如图 6-1 所示。

```
USE  班级管理系统
DECLARE @fenshu int
SELECT @fenshu=成绩
FROM   成绩信息表
WHERE  学号='2007110101'
SELECT @fenshu as  成绩
```

图 6-1　例 6-1 运行结果

3) 全局变量

除了局部变量之外，SQL Server 系统本身还提供了一些全局变量。全局变量是 SQL Server 系统内部使用的变量，其作用范围并不仅仅局限于某一程序，而是任何程序均可以随时调用。

全局变量通常存储一些 SQL Server 的配置设定值和统计数据。用户可以在程序中用全局变量来测试系统的设定值或者 T-SQL 命令执行后的状态值。在使用全局变量时应该注意以下几点：

(1) 全局变量不是由用户的程序定义的，它们是在服务器级定义的。

(2) 用户只能使用预先定义的全局变量。

(3) 引用全局变量时，必须以标记符"@@"开头。

(4) 局部变量的名称不能与全局变量的名称相同，否则会在应用程序中出现不可预测的结果。

例如：

@@CONNECTIONS：返回自最近一次启动 SQL Server 以来连接或试图连接的次数。

@@DATEFIRST：返回 SET DATEFIRST 参数的当前值，SET DATEFIRST 参数用于指定每周的第一天是周几。例如，"1"对应周一，"7"对应周日。

7．运算符和表达式

运算符是一种符号，用来指定要在一个或者多个表达式中执行的操作。在 SQL Server 2008 中所使用的运算符包括算术运算符、赋值运算符、按位运算符、字符串连接运算符、比较运算符、逻辑运算符和一元运算符。

表达式是标识符、值和运算符的组合，它可以是常量、函数、列名、变量、子查询等实体，也可以用运算符对这些实体进行组合而成。

1) 算术运算符

算术运算符可以用于任何计算，包括加(+)、减(−)、乘(*)、除(/)和求余(mod)。如果一个表达式中包括多个运算符，计算时要有先后顺序。

如果表达式中的所有运算符都具有相同的优先级，则执行顺序为从左到右；如果各个运算符的优先级不同，则执行顺序为先乘、除和求余，然后再加、减。

2) 赋值运算符

等号(=)是 T-SQL 唯一的赋值运算符，可以将变量和常量赋值给变量，在赋值的过程中要求赋值符号两边的量的数据类型要一致或者可以相互转换。

3) 字符串连接运算符

字符串连接运算符为加号(+)，可以将两个或者多个字符串连接成一个字符串。

4) 比较运算符

比较运算符用于测试两个表达式的值是否相同。比较的结果为逻辑值，可以取以下三个值中的其中一个：TRUE、FALSE 或 UNKNOWN。

比较运算符包括等于(=)、大于(>)、小于(<)、大于等于(>=)、小于等于(<=)、不等于(<>或者!=)、不小于(!<)和不大于(!>)。

由比较运算符连接的表达式多用于条件语句(如 IF 语句)的判断表达式中及在检索时的

WHERE 子句中。

5) 逻辑运算符

逻辑运算符的运算结果为 TRUE 或者 FALSE。

AND：如果两个操作数的值为 TRUE，则结果为 TRUE。

OR：如果两个操作数的其中一个为 TRUE，则结果为 TRUE。

NOT：如果操作数的值都为 TRUE，则结果为 FALSE；如果操作数的值是 FALSE，则结果为 TRUE。

ALL：如果每个操作数的值都是 TRUE，则结果为 TRUE。

ANY：任意一个操作数的值为 TRUE，则结果为 TRUE。

BETWEEN：如果操作数在指定的范围内，则结果为 TRUE。

EXISTS：如果子查询的结果包含一些行，则结果为 TRUE。

IN：如果操作数在一系列数中，则结果为 TRUE。

LIKE：如果操作数在某些字符串中，则结果为 TRUE。

SOME：如果操作数在某些值中，则结果为 TRUE。

在 SQL Server 2008 中逻辑运算符最常和 SELECT 语句的 WHERE 子句配合使用，用于查询符合条件的记录。

子任务 1　顺序结构

任务描述

顺序结构控制语句包括 BEGIN…END 语句块定义语句、PRINT 返回客户端消息语句、WAITFOR 等待语句和 RETURN 返回语句。本子工作任务介绍这四种语句在顺序结构中的应用。

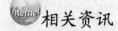相关资讯

1. 定义语句块

BEGIN…END 用来表示一个语句块，凡是在 BEGIN 与 END 之间的程序都属于同一个流程控制，通常都是与 IF…ELSE 或 WHILE 等一起使用的。如果 BEGIN…END 中间只有一行程序，则可以省略 BEGIN 与 END。BEGIN…END 的语法如下：

```
BEGIN
Sql_statement1
Sql_statement2
⋮
END
```

参数含义：

Sql_statement：任何有效的 T-SQL 语句。

BEGIN…END：语句块允许嵌套。

2．返回客户端消息语句

PRINT 语句的功能是将用户定义的消息返回客户端。

语法如下：

PRINT 'any ASCII text' | @local_variable | string_expr

参数含义：

'any ASCII text' 指的是一个文本字符串。

@local_variable 代表的是任意有效的字符数据类型变量。@local_variable 的数据类型必须是 char 或 varchar，或者能够隐式转换为这些的数据类型。

string_expr 是返回字符串的表达式，可包括串联的字符串、函数和变量。消息字符串最长可达 8000 个字符，超过 8000 个的任何字符均被截断。

3．等待语句

WAITFOR 语句是等待语句，该语句可以指定它以后的语句在某个时间间隔之后执行，或未来的某一时间执行。语法如下：

WAITFOR{DELAY 'time'|TIME 'time'}

参数含义：

DELAY 'time'是指定 SQL Server 等待的时间间隔，最长可达 24 小时。

TIME 'time'是指定 SQL Server 等待到某一时刻。

4．返回语句

RETURN 语句用于结束当前程序的执行，从过程、批处理或语句块中无条件退出，不执行位于 RETURN 之后的语句，而返回到上一个调用它的程序或其他程序。其语法格式为：

RETURN [integer_expression]

参数含义：

integer_expression：要返回的整型值。

RETURN 语句通常在存储过程中使用，且不能返回空值。在系统存储过程中，一般情况下返回 "0" 值表示成功，返回非 "0" 值则表示失败。

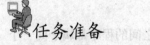

任务准备

一台装有 Windows Server 2003 或 WindowsXP 操作系统的电脑，并安装 Visual Studio 2008 和 SQL Server 2008 等软件。

任务实施

【任务 1】 WAITFOR 语句的应用：使用 WAITFOR TIME 语句，以便在晚上 10:30 执行存储过程 update_all_stats。

操作步骤如下：

① 在查询窗口中输入以下命令文本：

BEGIN

```
    WAITFOR TIME '22:30'
    EXECUTE update_all_stats
 END
```

② 单击【执行】按钮即可。

【任务 2】 RETURN 语句的应用：显示如果在执行 findjobs 时没有给出用户名作为参数，RETURN 则将一条消息发送到用户的屏幕上后从过程中退出；如果给出用户名，将从适当的系统表中检索由该用户在当前数据库内创建的所有对象名。

操作步骤如下：

① 在查询窗口中输入以下命令文本：

```
CREATE PROCEDURE findjobs @nm sysname = NULL
AS
IF @nm IS NULL
    BEGIN
        PRINT 'You must give a username'
        RETURN
    END
ELSE
    BEGIN
        SELECT o.name, o.id, o.uid
        FROM sysobjects o INNER JOIN master syslogins l
        ON o.uid = l.sid
        WHERE l.name = @nm
    END
```

② 单击【执行】按钮即可。

子任务 2　分支结构

 **任务描述**

分支结构控制语句包括 IF 条件语句、CASE 判断语句和 GOTO 无条件跳转语句。本子任务介绍这三种语句在分支结构中的应用。

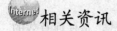 **相关资讯**

1. IF 条件

语法：

```
IF Boolean_expression
Sql_statements
[ELSE
```

sql_statements]

其中，Boolean_expression 是条件表达式；Sql_statements 是要执行的 T-SQL 语句或语句块；ELSE 部分可以省略。

在程序中，如果 IF 后的条件成立，则执行其后的 T-SQL 语句或语句块。否则，若有 ELSE 语句，则执行 ELSE 后的 T-SQL 语句或语句块，然后执行 IF 语句后的其他语句；若无 ELSE 语句，则执行 IF 语句后的其他语句。

注意：无论条件是否成立，要执行的都不是一条语句而是多条语句，那么这多条语句必须用 BEGIN…END 定义成语句块。若条件表达式中包含 SELECT 语句，应用括号将 SELECT 语句括起来。如果在 IF…ELSE 块的 IF 区和 ELSE 区都使用了 CREATE TABLE 语句或 SELECT INTO 语句，那么 CREATE TABLE 语句或 SELECT INTO 语句必须指向相同的表名。

另外，在 IF 区或 ELSE 区可以嵌套使用 IF 语句，嵌套层数没有限制。

2. CASE 判断语句

CASE 语句计算条件列表并为每个条件返回单个值。利用该语句可以将比较抽象的值转换为较易理解的数据形式。

CASE 语句具有两种格式：简单 CASE 语句和 CASE 搜索语句。简单 CASE 语句是根据不同的数据返回不同的数据信息，CASE 搜索语句是根据数据范围的不同返回不同的数据信息。

1) 简单 CASE 语句

语法：

CASE input_expression

WHEN when_expression THEN result_expression

[…n]

[ELSE else_result_expression]

END

参数：

input_expression 是所要计算的表达式。它是任何有效的 SQL Server 表达式，可以包含变量和列。

when_expression 是 input_expression 所要比较的简单表达式，具有确定的值。input_expression 和每个 when_expression 的数据类型必须相同，或者可以隐性转换。

result_expression 是当 input_expression=when_expression 取值为 TRUE 时返回的表达式，result expression 是任何有效的 SQL Server 表达式。

else_result_expression 是当比较运算取值不为 TRUE 时返回的表达式，是任何有效的 SQL Server 表达式。

n 是占位符，表明可以使用多个 WHEN when_expression THEN result_expression 子句。

确定返回值的过程为：计算 input_expression，然后按指定顺序对每个 WHEN 子句进行 input_expression = when_expression 计算，返回第一个"input_expression = when_expression"的取值为 TRUE 的 result_expression 的值。

如果每个"input_expression = when_expression"的取值都不为 TRUE，则当指定 ELSE 子句时，SQL Server 将返回 else_result_expression；若没有指定 ELSE 子句，则返回 NULL 值。

2) CASE 搜索语句

语法：

```
CASE
    WHEN Boolean_expression THEN result_expression
  [ ...n ]
    ELSE else_result_expression]
END
```

参数：

Boolean_expression 是任意有效的布尔表达式。

result_expression 是当布尔表达式的值为 TRUE 时返回的表达式。

else_result_expression 是当布尔表达式的值都不为 TRUE 时返回的表达式。

CASE 搜索函数的返回值过程为：

按指定顺序为每个 WHEN 子句的 Boolean_expression 求值，返回第一个取值为 TRUE 的 Boolean_expression 的 result_expression。

如果没有取值为 TRUE 的 Boolean_expression，则当指定 ELSE 子句时，SQL Server 将返回 else_result_expression；若没有指定 ELSE 子句，则返回 NULL 值。

3. 无条件转移语句

在程序中执行到某个地方时，可以使用 GOTO 语句跳到另一个使用语句标号标识的地方继续执行。语法如下：

```
 GOTO label
```

label 是指向的语句标号。

标号的定义形式如下：

```
label:
    T-SQL 语句
```

任务准备

一台装有 Windows Server 2003 或 WindowsXP 操作系统的电脑，并安装 Visual Studio 2008 和 SQL Server 2008 等软件。

任务实施

【任务 1】 IF 语句的应用：删除满足条件的学生记录。

操作步骤如下：

① 在查询窗口中输入以下命令文本：

USE 班级管理系统

```
GO
IF EXISTS
(SELECT * FROM 学生信息表 WHERE 学号= '2007110102')
BEGIN
DELETE 学生信息表
WHERE 学号='2007110102'
PRINT '学号=2007110102 已被删除'
END
```

② 单击【执行】按钮，结果如图 6-2 所示。

图 6-2　子任务 1 的执行结果

【任务 2】　IF 语句的应用：在屏幕上显示成绩信息表中的成绩及格情况。

操作步骤如下：

① 在查询窗口中输入以下命令文本：

```
DECLARE    @pingyu char(10)
USE    班级管理系统
IF (SELECT MIN(成绩) FROM 成绩信息表)>=60
SELECT @pingyu='全部及格'
ELSE
SELECT @pingyu='存在不及格'
PRINT @pingyu
```

② 单击【执行】按钮。

【任务 3】　CASE 语句的应用：在学生信息表中利用学号进行系别说明并排序。

操作步骤如下：

① 在查询窗口中输入以下命令文本：

```
Use 班级管理系统
select 姓名,系别=
case substring (学号,5,1)
when '1' then '会计系'
    when '3' then '计算机系'
    when '4' then '机电系'
    end
from 学生信息表
order by 学号
```

② 单击【执行】按钮，得到结果如图 6-3 所示。

	姓名	系别
1	张方	会计系
2	李明	会计系
3	王飞	会计系
4	梅刚	计算机系
5	肖文海	计算机系
6	李杰	计算机系
7	李杰	计算机系
8	何倩	机电系
9	涂江波	机电系

图 6-3　任务 3 执行结果

【任务 4】 CASE 语句的应用：根据"学生信息表"中的学生出生日期范围来评定学生受教育的早晚。

操作步骤如下：

① 在查询窗口中输入以下命令文本：

```
USE 班级管理系统
GO
SELECT   姓名,'受教育的早晚' =
    CASE
        WHEN year(出生日期)>=1988   THEN   '早'
        WHEN year(出生日期)<1988 and year(出生日期)>1985 THEN '恰当'
        WHEN year(出生日期)<=1985THEN   '晚'
    END
  FROM  学生信息表
  ORDER BY  出生日期
```

② 单击【执行】按钮，得到结果如图 6-4 所示。

	姓名	受教育的早晚
1	李明	晚
2	张方	恰当
3	肖文海	恰当
4	王飞	恰当
5	李杰	早

图 6-4　任务 4 执行结果

【任务 5】 GOTO 语句的应用：利用 GOTO 语句计算 0～100 之间所有数的和。

操作步骤如下：

① 在查询窗口中输入以下命令文本：

```
DECLARE @x int,@sum int
SET @x=0
SET @sum=0
```

```
xh:SET @x=@x+1
SET @sum=@sum+@x
if @x<100
GOTO xh
PRINT '1~100 所有数的和是:'+ltrim(str(@sum))
```

② 单击【执行】按钮，其结果为：“1～100 所有数的和是：5050”。

子任务 3　循环结构

任务描述

循环结构控制语句包括 WHILE 循环语句、BREAK 结束循环语句和 CONTINUE 跳到下一次循环语句。本子任务介绍这三种语句在循环结构中的应用。

相关资讯

WHILE 语句用来处理循环。在条件为 TRUE 时，重复执行一条或一个包含多条 T-SQL 语句的语句块，直到条件表达式为 FALSE 时退出循环体，执行循环体外的语句。

语法如下：

WHILE Boolean_expression

Sql_statements

[BREAK]

Sql_statements

[CONTINUE]

Sql_statements

参数说明：

Boolean_expression：表达式，返回 TRUE 或 FALSE。如果布尔表达式中含有 SELECT 语句，则必须用括号将 SELECT 语句括起来。

Sql_statement：T-SQL 语句或用语句块定义的语句分组。若要定义语句块，则应使用控制流关键字 BEGIN 和 END。

BREAK：结束循环语句，导致从最内层的 WHILE 循环中退出，将执行出现在 END 关键字(循环结束的标记)后面的任何语句。

CONTINUE：跳到下一次循环语句，使 WHILE 循环重新开始执行，忽略 CONTINUE 关键字后面的任何语句。

任务准备

一台装有 Windows Server 2003 或 WindowsXP 操作系统的电脑，并安装 Visual Studio 2008 和 SQL Server 2008 等软件。

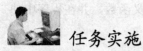

任务实施

【任务 1】WHILE 语句的应用：计算 1～100 之间所有偶数之和，但是如果和大于 2000，则立刻跳出循环并输出结果。

操作步骤如下：

① 在查询窗口中输入以下命令文本：

```
DECLARE @x int,@sum int
SET @x=0
SET @sum=0
WHILE @x<100
BEGIN
SET @x=@x+1
if @sum>1000
BREAK
if @x%2=1
CONTINUE
SET @sum=@sum+@x
END
PRINT '1～100 之间所有偶数之和是：' + ltrim(str(@sum))
```

② 单击【执行】按钮，其结果为"1～100 之间所有偶数之和是：1056"。

工作任务 2　函　　数

任务描述

函数对于任何程序设计语言来说都是非常关键的组成部分。SQL Server 2008 不仅提供了系统函数，而且允许用户创建自定义的函数。系统函数使得用户可以访问 SQL Server 2008 系统表中的信息，而用户自定义函数是接受参数、执行操作并将操作结果以值的形式返回的子程序。本工作任务是对 T-SQL 语言中的函数的应用。

相关资讯

在 T-SQL 语言中，函数被用来执行一些特殊的运算以支持 SQL Server 的标准命令。SQL Server 包含多种不同的函数用以完成各种工作，每一个函数都有一个名称，在名称之后有一对小括号，如：gettime( )。大部分函数在小括号中需要一个或者多个参数。

T-SQL 编程语言提供了四种函数：行集函数、聚合函数、排名函数和标量函数。标量函数有以下几类：数学函数、字符串函数、数据类型转换函数、日期时间函数等。限于篇幅，本节介绍常用系统函数的用法。用户也可以创建自定义函数，以对 SQL Server 对象处理能力进行扩展。在 SQL Server 中用户可以创建、修改和删除自定义函数，并在程序中使用自定义函数。

子任务 1　系统函数

任务描述

　　SQL Server 2008 提供的函数分为以下几类：字符串函数、日期函数、系统函数、聚合函数、数学函数、元数据函数、安全函数、行集函数、游标函数、配置函数、文本和图像函数。本工作任务是对 T-SQL 语言提供的系统函数的应用。

相关资讯

1. 行集函数

　　行集函数可以在 T-SQL 语句中当作表引用来返回对象。所有行集函数都不具有确定性。这意味着即使是同一组输入值，也不会在每次调用这些函数时都返回相同的结果。

　　T-SQL 编程语言提供了 CONTAINSTABLE、FREETEXTTABLE、OPENDATASOURCE、OPENQUERY、OPENROWSET 和 OPENXML 等行集函数。

2. 聚合函数

　　聚合函数用于对一组值进行计算并返回一个单一的值。除 COUNT 函数之外，聚合函数忽略空值。聚合函数经常与 SELECT 语句的 GROUP BY 子句一同使用。所有聚合函数均为确定性函数。也就是说，只要使用一组特定输入值调用聚合函数，该函数总是返回相同的值。仅在下列项中聚合函数允许作为表达式使用：SELECT 语句的选择列表(子查询或外部查询)；COMPUTE 或 COMPUTE BY 子句；HAVING 子句。

　　T-SQL 提供下列聚合函数：

　　AVG：返回一组值的平均值。

　　BINARY_CHECKSUM：返回对表中的行或者表达式列表进行计算的二进制校验位。

　　CHECKSUM_AGG：返回一组值的校验值。

　　COUNT：返回一组值中项目的数量(返回值为 int 类型)。

　　COUNT_BIG：返回一组值中项目的数量(返回值为 bigint 类型)。

　　GROUPING：产生一个附加的列，当用 CUBE 或 ROLLUP 运算符添加行时，附加的列输出为“1”；当添加的行不是由 CUBE 或 ROLLUP 运算符产生时，附加的列输出为“0”。

　　MAX：返回表达式或者项目中的最大值。

　　MIN：返回表达式或者项目中的最小值。

　　SUM：返回表达式中所有项的和，或者只返回 DISTINCT 值。SUM 只能用于数字列。

　　STDEV：返回表达式中所有值的统计标准偏差。

　　STDEVP：返回表达式中所有值的总计统计标准偏差。

　　VAR：返回表达式中所有值的统计标准方差。

VARP：返回表达式中所有值的总计统计标准方差。

3．数学函数

算术函数(例如 ABS、CEILING、DEGREES、FLOOR、POWER、RADIANS 和 SIGN)返回与输入值具有相同数据类型的值。三角函数和其他函数(包括 EXP、LOG、LOG10、SQUARE 和 SQRT)将输入值转换为 float 并返回 float 值。除 RAND 以外的所有数学函数都为确定性函数。这意味着在每次使用特定的输入值集调用这些函数时，它们都将返回相同的结果。

4．字符串函数

字符串函数对字符串进行操作，以下列出 SQL Server 的字符串函数及简要说明和示例。

ASCII：返回字符串首字母的 ASCII 码。

CHAR：返回 ASCII 码值对应的字符。

LEFT：返回字符串从左端起指定个数的字符串。

LEN：返回字符串的长度。

LOWER：将字符串中的所有大写字符转换为小写字符。

REPLACE：用第三个表达式替换第一个字符串表达式中出现的所有的第二个给定的字符串表达式。

RIGHT：返回字符串从右端起指定个数的字符串。

SUBSTRING：返回表达式的一部分。

UPPER：将字符串转换为大写字母的表达式。

5．日期函数

日期和时间函数对日期和时间输入值执行操作，并返回一个字符串、数字值或日期和时间值。以下列出 SQL Server 的日期和时间函数及简要的说明。

DATEADD：返回给指定日期加上一个时间间隔后的新 datetime 值。

DATEPART：返回表示指定日期的指定部分的整数。

DAY：返回一个整数，表示指定日期的天的部分。

GETDATE：以 datetime 值的 SQL Server 2008 标准内部格式返回当前系统日期和时间。

MONTH：返回表示指定日期的"月"部分的整数。

YEAR：返回表示指定日期的年份的整数。

6．元数据函数

元数据函数用于返回有关数据库和数据库对象的信息。

1) 返回列的定义长度函数

COL_LENGTH 函数：返回指定表的指定列的定义长度(以字节为单位)。

语法：

```
COL_LENGTH ( 'table' , 'column' )
```

参数：table 为要确定长度的列所在的表的名称，它是一个 nvarchar 类型的表达式；column 为要确定长度的列的名称，它是一个 nvarchar 类型的表达式。

返回值即列的长度，单位是字节，为 int 数据类型。

2) 返回数据库对象标识号函数

OBJECT_ID( )函数：返回指定数据库对象的标识号。

语法：

OBJECT_ID ('object')

参数：object 指的是要指定的对象，其数据类型为 char 或 nchar。如果 object 的数据类型是 char，那么隐性将其转换成 nchar。

返回值即对象的标识号，为 int 数据类型。标识号是 SQL Server 为便于管理而为每个数据库对象指定的唯一标识。

当 object 参数对系统函数可选时，则系统采用当前服务器用户或数据库用户在当前服务器的当前数据库上所创建的数据库对象，否则要在对象的名称前加上"数据库名.所有者名."的前缀。

如果指定一个临时表名，则必须在临时表名前面加上数据库名，所有者名可以不加，但是"."前缀必须加。

3) 返回列的名称函数

COL_NAME 函数：返回指定列的名称。

语法：

COL_NAME (table_id , column_id)

参数：table_id 包含列的表的标识号，属于 int 类型；column_id 包含列的标识号，属于 int 类型。表中第一列的标识号为 1，依此类推。

4) 返回数据库标识(ID)号

DB_ID()函数：返回指定数据库的标识号。

语法：

DB_ID (['database_name'])

参数：database_name 是用来返回相应数据库 ID 的数据库名，是 nvarchar 型。如果不填 database_name，则返回当前数据库 ID。

5) 返回数据库名函数

DB_NAME ()函数：返回指定数据库 ID 的数据库名称。

语法：

DB_NAME ([database_id])

参数：database_id 是应返回数据库的标识号(ID)，为 smallint 类型的数据。如果没有指定 ID，则返回当前数据库名。

返回值即数据库的名称，为 nvarchar(128)数据类型。

7. 系统函数

系统函数用于获得有关服务器、用户、数据库状态等系统信息。

1) 返回最后执行的 T-SQL 语句的错误代码函数

@@ERROR：执行 T-SQL 语句时，如果语句执行成功，则@@ERROR 被 SQL Server 设置为 0；若出现一个错误，@@ERROR 被设置为错误信息的代码，并且@@ERROR 在下一条语句执行后将被清除并且重置。

由于随着不同 T-SQL 语句的执行，@@ERROR 的值是变化的，所以应在语句验证后立即检查它，或将其保存到一个局部变量中以备事后查看。一般情况下常常利用该函数来判断某条语句是否执行成功。另外，与@@ERROR 错误代码相关的文本信息可以在 master 数据库中的 sysmessages 系统表中查看。

2) 返回受上一语句影响的行数函数

@@ROWCOUNT：返回受上一语句影响的行数。执行任何不返回行的语句时，系统将这一函数设置为 0。

比如，执行 UPDATE 语句并用@@ROWCOUNT 来检测是否有发生更改的行。

3) 将标识列插入到新表中的函数

IDENTITY(函数)：只用在带有 INTO table 子句的 SELECT 语句中，将标识列插入到新表中。

语法：

IDENTITY (data_type [, seed , increment]) AS column_name

参数：data_type 是标识列的数据类型。标识列的有效数据类型可以是任何整数数据类型(bit 数据类型除外)，也可以是 decimal 数据类型。

seed 是要指派给表中第一行的值。increment 是为后一行的标识列指定的在相邻的前一行标识列的基础上增加的数值，即为每一个后续行指派的标识值等于上一个 IDENTITY 值加上 increment 值。如果既没有指定 seed，也没有指定 increment，那么它们都默认为 1。column_name 是将插入到新表中的列的名称。

4) 数据类型转换函数

CAST 和 CONVERT 函数：能将某种数据类型的表达式显式转换为另一种数据类型的函数。CAST 和 CONVERT 提供相似的功能，但 CONVERT 的功能更强一些。

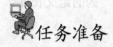
任务准备

一台装有 Windows Server 2003 或 Windows XP 操作系统的电脑，并安装 Visual Studio 2008 和 SQL Server 2008 等软件。

任务实施

【任务 1】　AVG 函数的应用：统计所有学生成绩的平均值。

操作步骤如下：

① 在查询窗口中输入以下命令文本：

USE 班级管理系统

SELECT AVG(成绩) as 平均成绩

FROM 成绩信息表

GO

② 单击【执行】按钮。

【任务 2】　ABS 函数的应用：计算 "−8.5" 的绝对值。

操作步骤如下：

① 在查询窗口中输入以下命令文本：

SELECT ABS(-8.5)

② 单击【执行】按钮，返回的结果是"8.5"。

【任务 3】　LEFT 函数的应用：取"CHINA"字符串的左边两位字符。

操作步骤如下：

① 在查询窗口中输入以下命令文本：

SELECT LEFT('CHINA',2)

② 单击【执行】按钮，得到的结果是"CH"。

【任务 4】　REPLACE 函数的应用：字符串替换。

操作步骤如下：

① 在查询窗口中输入以下命令文本：

SELECT REPLACE('CHINA','A','ESE')

② 单击【执行】按钮，得到的结果是"CHINESE"。

【任务 5】　DATEDIFF 函数的应用：计算"出生日期"和当前日期之间经过了多少天。

操作步骤如下：

① 在查询窗口中输入以下命令文本：

USE 班级管理系统

SELECT DATEDIFF(day, 出生日期, GETDATE()) AS 出生天数

FROM 学生信息表

GO

② 单击【执行】按钮即可得出结果。

【任务 6】　COL_LENGTH 函数的应用：返回"学生信息表"中"学号"列的定义长度。

操作步骤如下：

① 在查询窗口中输入以下命令文本：

USE 班级管理系统

GO

SELECT COL_LENGTH('学生信息表' , '学号')　AS 定义长度

② 单击【执行】按钮即可。

【任务 7】　IDENTITY 函数的应用：将"学生信息表"中学号的前四位是"2008"的所有行都插入到名为"学生 2008"的新表中。使用 IDENTITY 函数在"学生"表中创建"序号"标识列，其值从 100 开始。

操作步骤如下：

① 在查询窗口中输入以下命令文本：

USE 班级管理系统

GO

SELECT IDENTITY (int,100,1)　AS 序号,*

INTO 学生 2008

FROM 学生信息表

　WHERE left(学号,4)='2008'

② 单击【执行】按钮。

子任务 2　自定义函数

任务描述

SQL Server 2008 不仅提供了系统函数，而且允许用户创建自定义的函数。用户自定义函数可以接受参数、执行操作并将操作结果以值的形式返回到子程序。本子任务是对自定义函数的应用与管理。

相关资讯

1．用户自定义函数概述

用户在编写程序的过程中除了可以调用系统函数外，还可以根据自己的需要自定义函数。自定义函数包括表值函数和标量值函数两类，其中表值函数又包括内联表值函数和多语句表值函数。

内联表值函数：返回值为可更新表。如果用户自定义函数包含单个 SELECT 语句且该语句可以更新，则该函数返回的表也可以更新。

多语句表值函数：返回值为不可更新表。如果用户自定义函数包含多个 SELECT 语句，则该函数返回的表不可更新。

标量函数：返回值为标量值。

2．用户自定义函数的创建

1）创建标量函数

标量函数往往根据输入参数值的不同来获得不同的函数值，在标量函数中可以使用多个输入参数，而函数的返回值却只能有一个。当需要在代码中的多个位置进行相同的数学计算时，标量函数十分有用。

标量函数的函数体可包括一条或多条 T-SQL 语句。这些 T-SQL 语句以 BEGIN 开始，以 EDN 结束；用 RETURNS 子句定义该函数返回值的数据类型，用 RETURN 语句返回该函数的值。创建标量函数的语法为：

```
CREATE FUNCTION    [owner_name.] function_name
    ( [ {@parameter_name [AS] scalar_parameter_type    [ = default] }[,...n ] ] )
    RETURNS scalar_return_data_type
    [AS]
    BEGIN
        Function_body
        RETURN scalar_expression
    END
```

其中：

　　owner_name 为函数所有者名称，默认者为 dbo。

　　function_name 为函数的名称。

　　@parameter_name 为输入参数名。输入参数的名必须以"@"开头。

　　scalar_parameter_type 为输入参数的类型。

　　dafault 为所对应的输入参数的默认值。

　　RETURN scalar_return_data_type 子句定义了函数返回值的类型，该类型不能是 text、ntext 等类型。

　　BEGIN 与 END 之间定义了函数体，该函数体中必须包括一条 RETURN 语句，用于返回一个值。

　　2) 内嵌表值函数

　　该函数返回的都是一个表(table)，而不是一个标量数据。返回表值函数可以提供参数化视图功能，可用在 T-SQL 查询中允许有表或视图表达式的地方。在内嵌表值函数中，通过单个 SELECT 语句定义 TABLE 返回值，内嵌表值函数没有相关联的返回变量。创建内嵌表值函数的基本语法为：

```
CREATE FUNCTION function_name
    ( [ { @parameter_name scalar_parameter_type [ = default ] }
    [ ,...n ] ] )
    RETURNS TABLE
    [AS]
    RETURN (select-statement)
```

其中：

　　function_name 为函数的名称。

　　@parameter_name 为输入参数名。

　　scalar_parameter_type 为输入参数的类型。default 为输入参数指定的默认值。

　　RETURNS TABLE 子句的含义是该用户定义函数的返回值是一个表。

　　select-statement 为得到返回的表所使用的查询语句。

　　3) 多语句表值函数

　　多语句表值函数也是返回表的函数，内嵌表值函数返回的是单个 SELECT 语句的结果集。而多语句表值函数可以包含很多逻辑功能很强的 T-SQL 语句，这些语句可生成行并将行插入到表中，最后返回表。创建多语句表值函数的基本语法为：

```
CREATE FUNCTION function_name
( [ { @parameter_name scalar_parameter_type   [ = dafault ] }   [ ,...n ] ] )
    RETURNS @return_variable TABLE < TABLE_TYPE_DEFINITION >
    [AS]
    BEGIN
        function_body
            RETURN
    END
```

其中：

function_name 为函数的名称。

@parameter_name 为输入参数名。

scalar_parameter_type 为输入参数的类型。

RETURNS 子句的含义是该用户自定义函数的返回值是一个表。

@return_variable 是该函数要返回的表类型的变量，必须以 "@" 开头。在函数的函数体中，要为这个表填充数据。

TABLE_TYPE_DEFINITION 是返回表的结构定义。

BEGIN 与 END 之间定义了函数体。该函数体中必须包括一条不带参数的 RETURN 语句，用于返回表。

function_body 为函数体的主体，在函数的主体中允许使用赋值语句、控制流程语句、DECLARE 语句、SELECT 语句、游标操作语句、INSERT、UPDATE、DELETE 及 EXECUTE 语句，其他语句不能使用。

3．用户自定义函数调用

函数创建成功后，就可以调用函数了。

1) 调用标量函数

当调用用户定义的标量函数时，必须提供至少由两部分组成的名称(所有者.函数名)，函数默认的所有者是 dbo。可以在 PRINT、SELECT 和 EXEC 语句中调用标量函数。

使用 EXEC 调用自定义函数时，参数的标识次序与函数定义中的参数标识次序可以不同。

2) 调用内联表值函数

内联表值函数的调用只能通过 SELECT 语句，在调用时可以省略函数的所有者。

3) 调用多语句表值函数

多语句表值函数的调用和内联表值函数的调用方法相同。

4．修改或删除用户定义函数的语句

1) 直接在 SQL Server Management Studio 环境中修改或删除自定义函数

当用户创建了自定义函数后，可以在 SQL Server Management Studio 的对象资源管理器中查看、修改和删除它。

打开对象资源管理器，依次展开如下结点：数据库/实例数据库/可编程性/函数，分别打开 "表值函数" 和 "标量值函数" 结点。用鼠标右键单击函数项，在弹出的菜单中选择【修改】或者【删除】即可。

2) 利用代码删除自定义函数

利用 DROP 语句删除自定义函数的语句非常简单。例如要删除名为 "max2" 的函数，可以执行以下语句：

DROP FUNCTION max2

ALTER FUNCTION 是修改用户定义函数的语句，其语法与 CREATE FUNCTION 的语法类似。但若定义函数时使用了加密子句，则必须使用此种方法进行修改。

DROP FUNCTION 是删除用户定义函数的语句，使用该语句可以从当前的数据库中删除一个或多个用户定义函数。

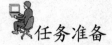

任务准备

一台装有 Windows Server 2003 或 Windows XP 操作系统的电脑，并安装 Visual Studio 2008 和 SQL Server 2008 等软件。

任务实施

【任务 1】 自定义函数 oldyear 的应用：在"班级管理系统"数据库中，创建名为"oldyear"的函数，用于计算学生的年龄。

操作步骤如下：

① 在查询窗口中输入以下命令文本：

```
USE  班级管理系统
GO
CREATE FUNCTION oldyear(@stuID char)
RETURNS int
AS
BEGIN
    DECLARE @yold int
    SET @yold=(SELECT (year(getdate())-year(出生日期) )
            FROM  学生信息表
            WHERE  学号=@stuID
                )
    RETURN @yold
END
```

② 单击【执行】按钮。

【任务 2】 自定义标量函数 max2 的应用：创建一个标量函数，该函数返回两个参数中的最大值。

操作步骤如下：

① 在查询窗口中输入以下命令文本：

```
CREATE FUNCTION [dbo].[max2](@par1 real,@par2 real)
RETURNS real
AS
BEGIN
    DECLARE @par real
    IF    @par1>@par2
      SET @par=@par1
    ELSE
      SET    @par=@par2
```

```
    RETURN(@par)
END
```

② 单击【执行】按钮。

【任务 3】 内嵌表值函数"stuxi"的应用：创建一个名为"stuxi"的函数用于返回学生信息表中属于同一个系的学生的部分信息。

操作步骤如下：

① 在查询窗口中输入以下命令文本：

```
USE  班级管理系统
GO
CREATE FUNCTION stuxi(@xib nchar(10))
RETURNS TABLE
AS
RETURN (SELECT  学号,姓名,系别
          FROM  学生信息表
          WHERE  系别=@xib)
```

② 单击【执行】按钮。

【任务 4】多语句表值函数 f_stu 的应用：在"班级管理系统"数据库中创建一个多语句表值自定义函数，它可以返回学生信息表的姓名或系别与姓名的组合(这个取决于用户提供的参数)。

操作步骤如下：

① 在查询窗口中输入以下命令文本：

```
CREATE FUNCTION [dbo].[f_stu](@len nvarchar(4))
RETURNS @f_stu TABLE
        (stuID nchar(10) PRIMARY KEY NOT NULL,
         stuName NVARCHAR(20) NOT NULL,
         stuclass nchar(16))
AS
BEGIN
  IF @len='sn'
    INSERT INTO @f_stu SELECT  学号,姓名,班级编号  FROM  学生信息表
  ELSE IF @len='ln'
    INSERT INTO @f_stu SELECT   学号,系别+' '+姓名, 班级编号  FROM  学生信息表
  RETURN
END
```

② 单击【执行】按钮。

【任务 5】 调用标量函数 max2：使用 EXEC 语句调用 max2 函数，参数的标识次序与函数定义中的参数标识次序不同。

操作步骤如下：

① 在查询窗口中输入以下命令文本：

```
USE  班级管理系统
GO
DECLARE @par real
EXEC @par=dbo.max2 @par2=8,@par1=59.6
SELECT @par
GO
```

② 单击【执行】按钮。

【任务 6】 调用内联表值函数 stuxi：调用 stuxi，返回某一院系的学生情况。

操作步骤如下：

① 在查询窗口中输入以下命令文本：

```
USE  班级管理系统
GO
SELECT * FROM stuxi('计算机系')
```

② 单击【执行】按钮。

情 境 总 结

本情境主要介绍 T-SQL 的语言基础。通过示例介绍了流程控制语句和函数的用法；包括全局变量、用户自定义变量、各种控制语句、系统函数及用户自定义函数的用法。

练 习 题

填空题

1. 规则是一种约束，用于执行一些与 CHECK 约束相同的功能。一个列只能应用一个_____，但可以应用多个_____。

2. 在学生信息表中的姓名列上创建一个约束规则，要求其姓名长度不能大于 5 个汉字。请完成下列程序。

```
USE  班级管理系统
GO
CREATE   RULE rule_Name
AS

_____
```

3. SQL Server 2008 中的变量有两种类型：一种是用户自定义的变量(局部变量)；另一种是系统提供的变量(全局变量)。_____以@@前缀开头，使用的时候不必进行声明，而_____前应加上@符号，必须要先定义才能使用。

学习情境 7　SQL Server 编程接口技术

情 境 引 入

在.NET环境下利用C#语言编写应用程序，就需要特定的数据库访问技术，如ODBC、DAO、OLE DB、ADO、ADO.NET，其中，ADO.NET是目前流行的.NET平台上的数据库访问技术。一般传统的应用程序开发平台都使用以上的各种数据访问接口。

学习本学习情境，要了解 ADO.NET 的基本体系结构；重点掌握 ADO.NET 对常见数据库进行访问的方法；能在 C#中进行一般的数据库调用。

工作任务 1　ADO.NET 数据提供程序及使用

任务描述

应用程序访问数据库时需要特定的数据库访问技术，如 ODBC、DAO、OLE DB、ADO、ADO.NET，其中，ADO.NET 是目前流行的.NET 平台上的数据库访问技术。

相关资讯

1. ADO.NET 概述

ActiveX Data Objects.NET，简称 ADO.NET，是微软设计的一种新的数据库访问技术。ADO.NET 并非是 ADO 的升级版，同以往的数据库访问技术相比，ADO.NET 有很多数据处理的优势。首先 ADO.NET 提供了对 XML 的强大支持，可以通过 XMLReader、XMLWriter、XMLNavigater 和 XMLDocument 等方便地创建和使用 XML 数据；其次 ADO.NET 是为关系数据访问和非关系数据访问设计的数据连接模型，它可以实现对数据源的非连接处理；另外 ADO.NET 新增了一些对象，如 DataReader 可以产生一个只读的记录集，用来快速读取数据。

　　ADO.NET 的最突出的特性是可以采用非连接的方式访问和处理数据，这是 ADO 所没有的(ADO 只能采用连接的方式访问和处理数据)。ADO 采用基于连接的方式处理数据库的最大不足就是它耗费了太多的资源，尤其当在网络环境下时，大量用户同时访问数据库会给数据库服务器造成很大的负担。ADO.NET 只在必要的时候对数据库进行连接，当处理完毕后它将及时关闭连接，这就保证了数据库服务器资源的可用性，使它可以为更多的用户服务，因此也就更加适合网络应用。

　　简而言之，ADO.NET 是.NET 提供的为访问各种数据源提供统一接口和方法的数据访问技术。ADO.NET 包括两大部分：数据提供程序和数据集(DataSet)。

　　ADO.NET 对象模型如图 7-1 所示。

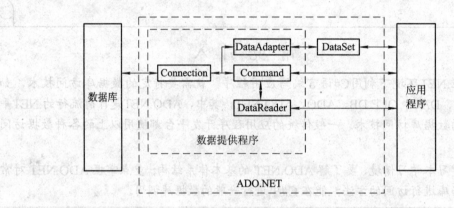

图 7-1　ADO.NET 对象模型

VS2005 开发环境下使用的是 ADO.NET 2.0。

　　在 ADO.NET 2.0 中，SQL 数据提供程序使用统一的 SQL 数据访问模型实现对各种使用 SQL 语句的数据库的数据访问支持。例如 Oracle、SQL Server、DB2、Access 等。在 Windows 系列的操作系统中，用户可以使用 ODBC 管理器程序来创建数据源。

2. 数据提供程序及组成

　　根据将要访问的数据库类型，.NET 框架提供了不同的数据提供程序，常用的有：

　　(1) SQL Server.NET 数据提供程序，用以访问 SQL Server 数据库。

　　(2) OLE DB.NET 数据提供程序，用以访问任何与 OLE DB 兼容的数据库。

　　还有用以访问 ODBC 数据源的数据提供程序等，每个数据提供程序都实现了以下的类，构成了提供程序的核心对象：

　　Connection 建立对物理数据库的连接。

　　Command 用于执行数据库操作命令，用来从数据库中返回数据、修改数据或运行存储过程。

　　DataReader 用于访问一个只读、向前的数据流，提供了对数据库的快速只读、前向访问功能数据读取对象。

　　DataAdapter 负责数据集同物理数据源的通信，对象是数据源和数据集 DataSet 对象交换数据的桥梁，它负责将数据库中的数据填充到 DataSet 对象中。

　　不同数据提供程序的核心对象命名不同，但内容几乎一样，如表 7-1 所示。

表 7-1 数据提供程序核心对象

核心对象	OLE DB .NET	SQL Server .NET
Connection	OleDbConnection	SqlConnection
Command	OleDbCommand	SqlCommand
DataReader	OleDbDataReader	SqlDataReader
DataAdapter	OleDbDataAdapter	SqlDataAdapter

另外，不同的数据提供程序所在的名字空间也不一样，如：

OLE DB .NET System.Data.OleDb

SQL Server .NET System.Data.SqlClient12.2.3 ADO.NET 数据集及应用

3. Connection 的创建及连接设置

要对数据库进行操作，首先要建立起对数据库的连接。在.NET 环境下，通过 SQL Server .NET 数据提供程序的 SqlConnection 对象建立对 SQL Server 数据库的连接，通过 OLE DB .NET 数据提供程序的 SqlConnection 对象建立对 Access 等提供有 OLE DB 访问接口的数据库的连接。在 C#开发环境下，一般可通过两种方式生成并配置 SqlConnection 实例：利用组件可视化方式创建数据库连接和直接编写代码创建数据库连接。

1) 使用 Connection 组件创建数据库连接

利用这种方法建立和生成 Connection 连接实例虽简单可行，但缺点是不够灵活，只能生成窗体级的对象，占用资源较大。

2) 直接编写代码创建数据库连接

直接编写代码方式可在任何一个需要连接对象的代码位置动态地创建一个连接对象。利用这种方法只需正确设置 Connection 对象的 ConnectionString 属性。ConnectionString 作为 Connection 对象的关键属性是一系列由分号隔开的关键字和值组成，表 7-2 列出了 SqlConnection 对象的 ConnectionString 中的常用关键字及相关说明。

下面给出一些典型的 SQL Server 连接字符串的例子。

● 连接到本地服务器中的 Student 数据库，使用 Windows 集成安全身份认证：

"Data Source=localhost;Initial Catalog=Student; Integrated Security=SSPI;"

● 对于上述数据库的连接，如果采用 SQL Server 的登录帐户，且登录帐号为 sa，密码为 111，则连接字符串可写为：

"Data Source=.;Initial Catalog=Student; User Id=sa;Pwd=111;"(localhost 可直接表示为".")

按以上方法设置好 SqlConnection 对象后，即可显式调用 Open 方法和 Close 方法来打开和关闭一个连接。建议在使用完连接时一定要关闭连接。如果 Visual Basic 或 C#的代码中存在 Using 块，将自动断开连接，即使发生无法处理的异常，也可以使用提供程序连接对象的 Close 或 Dispose 方法。

表 7-2　ConnectionString 中的常用关键字及说明

关键字	说　　明
Connect Timeout 或 Connection Timeout	在终止尝试并产生错误之前，等待与服务器的连接的时间长度(以秒为单位)
Data Source 或 Server	要连接的 SQL Server 实例的名称或网络地址
Encrypt	当该值为 true 时，如果服务器端安装了证书，则 SQL Server 将对所有在客户端和服务器之间传送的数据使用 SSL 进行加密。可识别的值为 true、false、yes 和 no
Initial Catalog 或 Database	数据库的名称
Integrated Security 或 Trusted_Connection	当为 false 时，将在连接中指定用户的 ID 和密码；当为 true 时，将使用当前的 Windows 帐户凭据进行身份验证。可识别的值为 true、false、yes、no 以及与 true 等效的 sspi(强烈推荐)
Packet Size	用来与 SQL Server 的实例进行通信的网络数据包的大小，以字节为单位
Password 或 Pwd	SQL Server 帐户登录的密码。建议不要使用。为保持高安全级别，强烈建议使用 Integrated Security 或 Trusted_Connection 关键字
Persist Security Info	当该值设置为 false 或 no(强烈推荐)时，如果连接是打开的或者一直处于打开状态，那么安全敏感信息(如密码)将不会作为连接的一部分返回。重置连接字符串将重置包括密码在内的所有连接字符串值。可识别的值为 true、false、yes 和 no
User ID	SQL Server 的登录帐户。建议不要使用。为保持高安全级别，强烈建议使用 Integrated Security 或 Trusted_Connection 关键字
Workstation ID	连接到 SQL Server 的工作站的名称

4. Command 命令对象

当与数据库建立了连接后，就可以用 Command 对象来读取或修改数据源的数据，如进行对数据库数据的增加、删除、修改等数据库操作。该对象包含可应用于数据库的所有操作命令，操作命令也可以是存储过程调用、Update 语句或返回结果的语句，还可将输入和输出参数以及返回值用作命令语法的一部分。

Command 对象有两种形式： OleDbCommand 用于 ADO Managed Provider 支持的数据源；SqlCommand 用于 SQL Server 数据库。

Command 对象的公共属性如表 7-3 所示。

表 7-3　Command 对象的公共属性

名　称	描　述
CommandText	获取或设置要对数据源执行的 T-SQL 语句或存储过程
CommandTimeout	获取或设置在终止执行命令的尝试并生成错误之前的等待时间
CommandType	获取或设置一个值，该值指示如何解释 CommandText 属性
Connection	获取或设置 SqlCommand 的实例使用的 SqlConnection
Parameters	获取 SqlParameterCollection
UpdatedRowSource	获取或设置命令结果在由 DbDataAdapter 的 Update 方法使用时如何应用于 DataRow

Command 对象的公共方法见表 7-4 所示。

表 7-4　Command 对象的公共方法

名　称	描　述
Cancel	取消 SqlCommand 的执行
CreateParameter	创建 SqlParameter 对象的新实例
ExecuteNonQuery	对 Connection 执行 T-SQL 语句并返回受影响的行数
ExecuteReader	将 CommandText 发送到 Connection，并生成一个 SqlDataReader
ExecuteScalar	执行查询，并返回查询所返回结果集中的第一行的第一列，忽略额外的列或行

下面的语句说明如何对数据库发出 Insert 语句(以 sqlCommand 为例)。

```
string connectionString="Data Source=.;Initial Catalog=Student;"
+ "Integrated Security=SSPI";
string queryString ="delete from 学生信息表 学号='0001'"
using (SqlConnection connection = new SqlConnection(
connectionString))
{
SqlCommand command = new SqlCommand(queryString, connection);
command.Connection.Open();
command.ExecuteNonQuery();
}
```

5. DataReader 对象

DataReader 对象以只读、只向前的方式提供了一种快速读取数据库数据的方式，该对象仅与数据库建立一个只读的且仅向前的数据流，而且不在内存中缓存。因此，DataReader 适合从数据源中检索大量的、不需要进行更新操作的数据。DataReader 对象可用于只需读取一次的数据，即可用于一次性地滚动读取数据库数据，从而提高应用程序的性能，并减少系统开销。

创建 SqlDataReader 对象时必须调用 SqlCommand 对象的 ExecuteReader 方法，表 7-5 和表 7-6 是它的一些重要的公共属性和方法。

表 7-5　DataReader 对象的公共属性

名　称	描　述
Depth	获取一个值，该值指示当前行的嵌套深度
FieldCount	获取当前行中的列数
IsClosed	获取一个值，该值指示数据读取器是否已关闭
Item	获取以本机格式表示的列的值。在 C#中，该属性为 SqlDataReader 类的索引器
RecordsAffected	获取执行 Transact-SQL 语句所更改、插入或删除的行数

表 7-6　DataReader 对象的公共方法

名　称	描　述
Close	关闭 SqlDataReader 对象
GetName	获取指定列的名称
GetXXX	获取某列的值(其中 XXX 指明某列类型)
NextResult	当读取批处理 Transact-SQL 语句的结果时，使数据读取器前进到下一个结果
Read	使 SqlDataReader 前进到下一条记录

DataReader 对象的使用方法如下：

● 使用 Command 对象的 ExecuteReader 方法可以从数据源中检索行，并返回一个 DataReader。

● 使用 DataReader 对象的 Read 方法可以从查询结果中获取行。

● 通过向 DataReader 对象传递列的名称或序号引用，可以访问返回行的每一列。

● 为了实现最佳性能，DataReader 对象提供了一系列方法，如：GetInt32、GetDouble、GetString、GetDateTime 等。

● 每次使用完 DataReader 对象后，都应调用 Close 方法。

如上所述，若要创建 SqlDataReader，必须调用 SqlCommand 对象的 ExecuteReader 方法，而不能直接使用构造函数。

在使用 SqlDataReader 时，关联的 SqlConnection 正忙于为 SqlDataReader 服务，对 SqlConnection 无法执行任何其他操作，只能将其关闭。除非调用 SqlDataReader 的 Close 方法，否则会一直处于此状态。例如，在调用 Close 之前，无法检索输出参数。

6. DataAdapter 对象及使用

1) DataAdapter 对象简介

在 ADO.NET 体系结构下，DataAdapter 是 DataSet 对象和数据源之间联系的桥梁，主要功能是从数据源中检索数据,填充数据集对象中的表,把用户对数据集 DataSet 对象做出的更改写入到数据源。关于填充数据集和更新数据源的操作请参考本章项目中的窗体 Load 事件代码及保存部分的相关代码。

这里以 SQL Server .NET 的 SqlDataAdapter 对象为例来介绍其属性(见表 7-7 所示)和方法(见表 7-8 所示)及其创建方法，其他数据提供程序的 SqlDataAdapter 使用与之相似，使用时也可以参考。

表 7-7　SqlDataAdapter 常用属性

名　称	说　明
DeleteCommand	获取或设置一个 Transact-SQL 语句或存储过程，以从数据集删除记录
InsertCommand	获取或设置一个 Transact-SQL 语句或存储过程，以在数据源中插入新记录
MissingMappingAction	确定传入数据没有匹配的表或列时需要执行的操作(从 DataAdapter 继承)
MissingSchemaAction	确定现有 DataSet 架构与传入数据不匹配时需要执行的操作(从 DataAdapter 继承)
SelectCommand	获取或设置一个 T-SQL 语句或存储过程，用于在数据源中选择记录
TableMappings	获取一个集合，它提供源表和 DataTable 之间的主映射(从 DataAdapter 继承)
UpdateCommand	获取或设置一个 T-SQL 语句或存储过程，用于更新数据源中的记录

表 7-8　SqlDataAdapter 常用方法

名　称	说　明
Dispose	释放由 Component 占用的资源(从 Component 继承)
Fill	填充 DataSet 或 DataTable(从 DbDataAdapter 继承)
FillSchema	将 DataTable 添加到 DataSet 中，并配置架构以匹配数据源中的架构(从 DbDataAdapter 继承)
GetFillParameters	获取当执行 SQL SELECT 语句时由用户设置的参数(从 DbDataAdapter 继承)
Update	为 DataSet 中每个已插入、更新或删除的行调用相应的 INSERT、UPDATE 或 DELETE 语句(从 DbDataAdapter 继承)

SqlDataAdapter 最常用且重要的方法为 Fill 和 Update 方法，分别用来向数据集填充数据和用数据集来更新数据库。以下是 Fill 方法的定义格式：

格式一：

public override int Fill (DataSet dataSet)

作用：在 DataSet 中添加或刷新行以匹配使用 DataSet 名称的数据源中的行，并创建一个名为"Table"的 DataTable。

参数：dataSet 要用记录和架构(如果必要)填充的 DataSet。

返回值：已在 DataSet 中成功添加或刷新的行数。这不包括受不返回行的语句影响的行。

格式二：

public int Fill (DataTable dataTable)

作用：填充指定数据表。

参数：dataTable 用于表映射的 DataTable 的名称。

返回值：已在数据表中成功添加或刷新的行数。

格式三：

public int Fill (DataSet dataSet,string srcTable)

作用：在 DataSet 中添加或刷新行以匹配使用 DataSet 和 DataTable 名称的数据源中的行。

参数：dataSet 要用记录和架构(如果必要)填充的 DataSet。

srcTable 用于表映射的源表的名称。

返回值：已在 DataSet 中成功添加或刷新的行数。这不包括受不返回行的语句影响的行。

2) DataAdapter 对象的创建及使用

DataAdapter 对象通过无连接的方式完成数据库和本地 DataSet 之间的交互。以 SqlDataAdapter 对象为例，使用的一般步骤如下：

① 创建 SqlConnection 的实例。

② 创建 SqlDataAdapter 的实例，需要的话，根据 select 语句生成其他 SQL 语句。

③ 创建 DataSet 的实例。

④ 使用 Fill 方法将数据库中的表填充到 DataSet 表中。

⑤ 操作 DataSet 数据集数据。

⑥ 需要的话，使用 Update 方法更新数据库。

创建 DataAdapter 实例的具体方式可以用组件可视化添加到窗体，也可通过代码直接实现。关于利用可视化方式创建 SqlDataAdapter 实例在本章前面的项目中已使用，下列代码将 Student 数据库中的学生信息表通过 SqlDataAdapter 对象填充到数据集。

```
string conn ="Data Source=.;Initial Catalog=Student;Integrated Security=SSPI";
string ssql = " select * from 学生信息表";
SqlConnection sql = new SqlConnection(conn);
SqlCommand cmd = new SqlCommand(ssql);
cmd.CommandType = CommandType.Text;
cmd.Connection = sql;
SqlDataAdapter da = new SqlDataAdapter(cmd);
DataSet ds = new DataSet();
da.Fill(ds);
```

任务准备

一台装有 WindowsXP 或 Windows Server 2003 操作系统，SQLServer 2008 软件的电脑。

图 7-2　工具箱中的各数据组件

任务实施

【任务 1】　使用 Connection 组件创建数据库连接。

操作步骤如下：

① 在工具箱窗口的"数据"栏中找到 Connection 组件(如图 7-2 所示)。

② 如图没有发现相应的 Connection 组件，则打开工具菜单中的【选择工具箱】项，添加相应的组件，如图 7-3 所示。

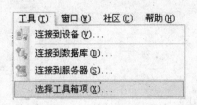

图 7-3　选择工具箱项

③ 将 Connection 组件拖放到目标窗体中，如果创建 SQL Server 连接，SqlConnection 组件实例便出现在窗体下的组件栏，在属性窗中找到 SqlConnection 实例的 ConnectionString 属性，选择属性设置栏的"新建连接"提示，如图 7-4 所示。

图 7-4　新建 Server SQL 连接

图 7-5　建立 Access 数据库连接

④ 输入 SQL Server 2008 的服务器和数据库名，点击下拉列表框即可选择，这样连接对象便设置好了。

⑤ 如果建立同 Access 数据库的连接，应选择 OleDbConnection 组件，拖放到窗体后，设置 ConnectionString 属性，选择属性设置栏的"新建连接"后，出现如图 7-5 所示界面，单击【更改】按钮，更改数据源类型，如下图 7-6 所示。

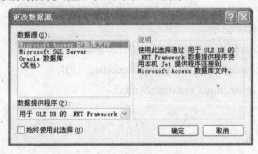

图 7-6　更改数据源类型

【任务 2】利用代码分别生成 SqlConnection 和 OleDbConnection 对象，然后打开。生成控件台应用程序，添加下列代码：

```
using System;
using System.Collections.Generic;
```

```csharp
using System.Text;
using System.Data;
using System.Data.SqlClient;
using System.Data.OleDb;
namespace ConsoleApplication1
{
    class  Program
    {
        static    void Main(string[] args)
        {
            string sqlConnectionString ="Data Source=.;Initial Catalog=Student;"
              +"Integrated Security=SSPI;";
            string OleDbConnectionString =@"Provider=Microsoft.Jet.OLEDB.4.0;"
               +@"Data Source=C:\Documents    and
                 Settings\Administrator\My
Documents\Student.mdb";
            using (SqlConnection connection =new    SqlConnection())
            {
              connection.ConnectionString = sqlConnectionString;
              connection.Open();
                Console.WriteLine("State: {0}", connection.State);
                Console.WriteLine("ConnectionString: {0}",
              connection.ConnectionString);
            }
             using (OleDbConnection connection = new OleDbConnection())
            {
                connection.ConnectionString = OleDbConnectionString;
              connection.Open();
                Console.WriteLine("State: {0}", connection.State);
                Console.WriteLine("ConnectionString: {0}",
                  connection.ConnectionString);
            }
          }
      }
 }
```

【任务 3】 SqlCommand 和 SqlDataReader 对象使用：利用 SQL Server .NET 数据
提供程序的连接对象和命令对象提供数据库连接并读取前面 Student 数据库中的学生数
据表记录。程序主界面如图 7-7 所示。

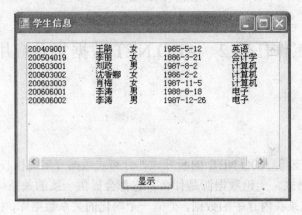

图 7-7　程序运行主界面

代码实现：

(1) 本例中所操作数据库为 SQL Server 数据库，故所用的数据提供程序为 SQL Server .NET，所以窗体代码(Form1.cs)前应导入相应的名字空间：

```
using System.Data.SqlClient;
```

(2) 添加显示按钮 Click 事件处理方法：

```
private void button1_Click(object sender, EventArgs e)
{ SqlConnection sql = new SqlConnection(); //生成连接对象
sql.ConnectionString =
"Data Source=.;Initial Catalog=Student;Integrated Security=SSPI;";
SqlCommand cmd = new SqlCommand(); //生成命令对象
cmd.CommandType = CommandType.Text; //表示 CommandText 属性为 SQL 命令
cmd.CommandText = "select * from 学生信息表";
cmd.Connection = sql;
sql.Open();
SqlDataReader dr = cmd.ExecuteReader(); //执行命令对象，返回数据读取对象
textBox1.Text = "";
while (dr.Read())
{ textBox1.Text+=dr.GetString(0)+"\t";
textBox1.Text+=dr.GetString(1)+"\t";
textBox1.Text+=dr.GetString(2)+"\t";
textBox1.Text+=dr.GetDateTime(3).ToShortDateString()+"\t" ;
textBox1.Text += dr.GetString(4)+"\t";
textBox1.Text += dr.GetString(5);
textBox1.Text+="\r\n";
}
sql.Close();
}
```

工作任务 2　ADO.NET 数据集及应用

任务描述

DataSet 对象是支持 ADO.NET 的断开式、分布式数据方案的核心对象。DataSet 是数据的内存驻留表示形式，无论数据源是什么，它都会提供一致的关系编程模型。也可以说数据集(DataSet)是记录在内存中的数据，类似一个简化的关系数据库，相当于数据库在本地内存中的一个部分快照。

相关资讯

1. 数据集

DataSet 对象模型如图 7-8 所示。

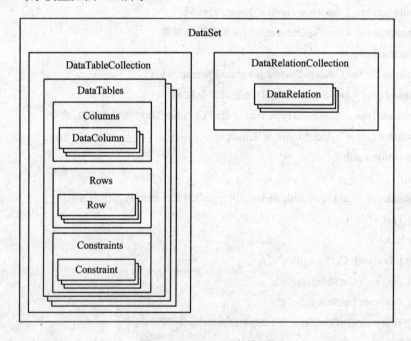

图 7-8　DataSet 对象模型

以上模型中，DataTables 表示数据表(DataTable)的集合，每个数据表对象分别包含列集合(Columns)、行集合(Rows)、约束集合(Constraints)，其中各集合中包含有具体对象；而 DataSet 对象主要体现为包含数据表集合对象 (DataTables) 和数据关系集合对象 (DataRelation)。

表 7-9 和表 7-10 分别列出了数据集的常用属性及方法。

表 7-9　数据集的常用属性

名　称	说　明
DataSetName	获取或设置当前 DataSet 的名称
HasErrors	获取一个值，指示在此 DataSet 中的 DataTable 对象中是否存在错误
Relations	获取用于将表链接起来并允许从父表浏览到子表的关系的集合
Tables	获取包含在 DataSet 中的表的集合

表 7-10　数据集的常用方法

名　称	说　明
AcceptChanges	提交自加载此 DataSet 或上次调用 AcceptChanges 以来对其进行的所有更改
Clear	通过移除所有表中的所有行来清除任何数据的 DataSet
Clone	复制 DataSet 的结构，包括所有 DataTable 的架构、关系和约束。不会复制任何数据
Copy	复制该 DataSet 的结构和数据
GetChanges	获取 DataSet 的副本，该副本包含自上次加载以来或自调用 AcceptChanges 以来对该数据集进行的所有更改
HasChanges	获取一个值，该值指示 DataSet 是否有更改，包括新增行、已删除的行或已修改的行
Merge	将指定的 DataSet、DataTable 或 DataRow 对象的数组合并到当前的 DataSet 或 DataTable 中
RejectChanges	回滚自创建 DataSet 以来或上次调用 DataSet.AcceptChanges 以来对其进行的所有更改
Reset	将 DataSet 重置为其初始状态。子类应重写 Reset，以便将 DataSet 还原到其原始状态

2. 类型化数据集或非类型化数据集

数据集可以分为类型化或非类型化两种。类型化数据集的架构(表和列结构)派生自 .xsd 文件，并且易于对其进行编程。在应用程序中既可以使用类型化数据集，也可以使用非类型化数据集。Visual Studio 对类型化数据集提供了更多工具支持，使用类型化数据集进行编程不仅更加简单，而且不易出错。关于类型化数据集的创建可参见本章前面的综合项目。

相比之下，非类型化数据集没有相应的内置架构。与类型化数据集一样，非类型化数据集也包含表、列等，但它们只作为集合公开。类型化数据集的类有一个对象模型，在此对象模型的该类属性中采用表和列的实际名称。

例如，如果使用的是类型化数据集，可以使用如下代码引用列：

string xh = ds.学生信息表[0].学号;

相比较而言，如果使用的是非类型化数据集，等效的代码为：

string xh = ds.Table[0].Row[0]["学号"];

3. 填充 DataSet 对象

创建 DataSet 后，就可以使用 SqlDataAdapter 对象把数据导入到 DataSet 对象中，比如通过 Fill 方法将数据填充到 DataSet 中的某个表中。

4. 数据集其他主要集合成员及使用

DataSet 类包含类型为 DataTableCollection 的 Tables 集合属性和类型为 DataRelationCollection 的 Relations 集合属性，分别包含 DataTable 对象和 DataRelation 对象。

DataTable 类包含表行的 DataRowCollection 集合、数据列的 DataColumnCollection 集合和数据关系的 ChildRelations 和 ParentRelations 集合。

DataRow 类包含 RowState 属性，该属性的值指示数据表自首次从数据库加载以来，行是否已更改以及是如何更改的。RowState 属性的可能值包括 Deleted、Modified、Added 和 Unchanged。

1) 数据表及其内容介绍

DataSet 对象包含数据表的集合 Tables(元素类型为 DataTable)，而 DataTable 对象包含数据行的集合 Rows(元素类型为 DataRow)和数据列的集合 Columns(元素类型为 DataColumn)。

表的常用方法和属性有：

NewRow()，其作用是利用当前表的模式产生一新行。

Rows，表示数据行的集合。该集合对象包含对表中所有记录的引用(通过下标引用，如 Rows[0]代表第一行记录)。

Rows 对象的常用属性有：

Count，记录条数。

ADD(数据行)，往数据表集合中添加新的记录。

数据行(DataRow)，代表表中的一行记录。通过列名称下标或位置下标可访问数据行列(字段)。

数据行的常用方法和属性有：

Delete()，删除当前行。

BeginEdit()，开始编辑当前行。

EndEdit()，结束编辑当前行。

2) 关系(Relations)集合

数据集的关系集合 Relations 定义数据表之间的关系。

关系集合 Relations 可包含零个或多个数据关系对象 DataRelation，每个对象表示两个表之间的关系。

数据关系对象 DataRelation 可以在两个表之间建立起行与行的对应关系，使用户在父行和子行之间轻松地移动，给定一个父行，就可以找到与之相关的所有子行；反之，找到子行后，也可找到与之相关的父行。

(1) 添加关系。

调用关系集合的 Add 方法：

数据集. Relations.Add("关系名"，父列对象，子列对象)

如代码：

dataSet11.Relations.Add("re1",

dataSet11.Tables["学生信息表"].Columns["学号"],

dataSet11.Tables["成绩信息表"].Columns["学号"]);

表示在数据集的关系集合中添加一个关系名为"re1"的关系。

(2) 由主行取得子行集。

调用数据行的 GetChildRows 方法：

数据行.GetChildRows("关系名")

作用：通过指定的关系名取得数据行的子行集合。

如代码：

DataRow[] drarray= drv.Row.GetChildRows("re1");

3) 由子行取得父行

调用数据行的 GetParentRow 方法：

数据行.GetParentRow("关系名")

如代码：

DataRow temp=dr.GetParentRow("re2");

任务准备

一台装有 Windows XP 或 Windows Server 2003 操作系统、SQL Server 2008 软件的电脑。

任务实施

将 Student 数据库中的学生信息表填充到 DataSet 的某个表中，并在 DataGridView 中显示、添加、修改、删除(按键盘的 DEL 键)表中的数据，点击【保存】按钮可更新修改。程序设计主界面如图 7-9 所示。

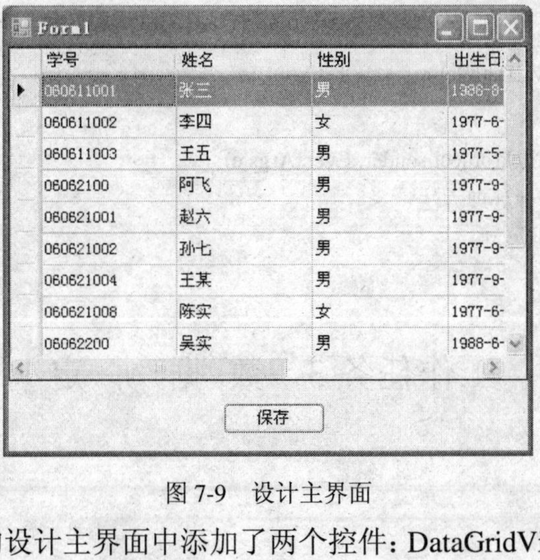

学号	姓名	性别	出生日
060611001	张三	男	1986-3-
060611002	李四	女	1977-6-
060611003	王五	男	1977-5-
06062100	阿飞	男	1977-9-
060621001	赵六	男	1977-9-
060621002	孙七	男	1977-9-
060621004	王某	男	1977-9-
060621008	陈实	女	1977-6-
06062200	吴实	男	1988-6-

保存

图 7-9　设计主界面

在如图 7-9 所示的设计主界面中添加了两个控件：DataGridView 控件和 Button 控件。运行后的界面如图 7-10 所示。

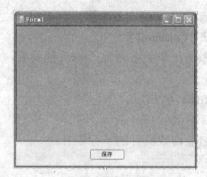

图 7-10　运行后的界面

以下为程序实现代码：

SqlDataAdapter da;

DataSet ds;

private void Form1_Load(object sender, EventArgs e)

{//窗体加载事件处理方法

String conn="DataSource=.;InitialCatalog=Student;Integrated Secrity=SSPI";

　　string ssql = " select * from 学生信息表";

　　SqlCommand cmd = new SqlCommand(ssql, new SqlConnection(conn));

　　da = new SqlDataAdapter(cmd);

SqlCommandBuilder sb = new SqlCommandBuilder(da);

// SqlCommandBuilder 对象可获得生成 DataAdapter 对象所需的命令

　　da.DeleteCommand = sb.GetDeleteCommand();

　　da.UpdateCommand = sb.GetUpdateCommand();

　　da.InsertCommand = sb.GetInsertCommand();

　　ds = new DataSet();

　　da.Fill(ds);

　　this.dataGridView1.DataSource = ds.Tables[0];

}

private void button1_Click(object sender, EventArgs e)

{//保存按钮 Click 事件处理方法

　　da.Update(ds);

　　}

工作任务 3　数 据 绑 定

任务描述

数据绑定指将控件和数据源捆绑在一起，通过控件来显示或修改数据。

数据绑定有两种类型：简单数据绑定和复杂数据绑定。简单数据绑定通常是将控件属性绑定到数据表字段的单个值上；复杂绑定通常是把数据集里的某些字段或某个字段中的多行数据绑定到组件的属性上。

相关资讯

1. 数据绑定基础

支持简单绑定的控件通常有：TextBox 控件、Label 控件等。

支持复杂绑定的控件通常有：列表框、组合框、数据表格视图(DataGridView)等。

1) 简单数据绑定的方法

(1) 通过属性窗口。在属性窗口中打开 DataBindings 属性，从中选择要绑定的属性，在右边输入绑定目标(数据表中的字段)。

(2) 通过代码。

控件的 DataBindings 属性属于 ControlBindingsCollection 类，其中 Add 方法的常见格式如下：

格式一：

public Binding Add (string propertyName,Object dataSource,string dataMember)

格式二：

　public Binding Add (string propertyName,Object dataSource,

　string dataMember,bool formattingEnabled)

参数：

propertyName，要绑定的控件属性的名称。

dataSource，表示数据源的 Object。

dataMember，要绑定到的属性或列表。

formattingEnabled true，表示设置显示的数据的格式；否则为 false

返回值：新创建的 Binding。

一般按如下格式调用：

控件名.DataBindings.Add("属性名"，数据集, "数据表名.字段名",true)

例如：

this.textBox1.DataBindings.Add("Text", ds, "学生信息表.学号", true);

2) 复杂数据绑定的方法

(1) 通过属性窗口。先在属性窗口中将 DataSource 属性设置为指定数据源，然后将 DisplayMember 属性设置为相应的表字段(对于列表框或组合框)，如果是数据表格控视图，应设置 DataSource 属性和 DataMember 属性(属性值为相应表)。

(2) 通过代码。可直接在代码中对指定属性进行设定。

2. BindingManagerBase 对象

BindingManagerBase 对象可称为绑定管理器对象，该对象对应于窗体引用中的每一个数据源，使用 BindingManagerBase 可以对 Windows 窗体上绑定到相同数据源的数据绑定控件进行同步并通过该对象实现对相应表的记录导航。

从 BindingManagerBase 类继承的 CurrencyManager 通过维护指向数据源中当前项的指

针来完成此同步。在更改当前项时，CurrencyManager 通知所有绑定控件，以便它们能够刷新数据。此外，可以设置 Position 属性来指定控件所指向的 DataTable 中的行。若要确定数据源中存在的行数，可使用 Count 属性。

(1) 获取跟窗体相关的 BindingManagerBase 对象。不要试图调用构造函数来创建一个 BindingManagerBase 对象，因为该类为一抽象类，若要创建 BindingManagerBase，可使用窗体的 BindingContext 对象，该对象根据所管理的数据源返回 CurrencyManager 或 PropertyManager。如：

> BindingManagerBase bmb = BindingContext[数据集,数据表];

(2) BindingManagerBase 对象的主要属性及常用事件分别见表 7-11 和表 7-12。

表 7-11　BingManagerBase 对象的主要属性

名　称	说　明
Bindings	获取所管理绑定的集合
Count	当在派生类中被重写时，获取 BindingManagerBase 所管理的行数
Current	当在派生类中被重写时，获取当前对象
Position	当在派生类中被重写时，获取或设置绑定到该数据源的控件所指向的基础列表中的位置

表 7-12　BindingManagerBase 对象的常用事件

名　称	说　明
CurrentChanged	在当前绑定项更改时发生
CurrentItemChanged	在当前绑定项的状态更改时发生
PositionChanged	在 Position 属性的值更改后发生

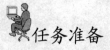 **任务准备**

一台装有 Windows XP 或 Windows Server 2003 操作系统、SQL Server 2008 软件的电脑。

 任务实施

数据绑定及 BindingManagerBase 对象的使用：制作一个简单的学生信息管理器。基本功能为实现对学生基本信息进行浏览、添加、修改、删除等操作。程序主界面如图 7-11 所示。其中第一排按钮可实现记录导航，第二排按钮实现编辑操作，其中【添加】和【删除】按钮做成了功能复用的按钮，如当单击【添加】按钮时，窗体界面如图 7-12 所示。这时单击【确认】或【撤消】均可返到浏览状态。

设计要点：

该程序窗体中所加控件类型有 TextBox、Label、DateTimePicker、PictureBox、Button、Panel 容器(容纳 8 个命令按钮)，只需将显示学号值的文本框 textbox1 的 Enbled 属性设为 False(因为一般情况下学号为关键字，不可修改)。

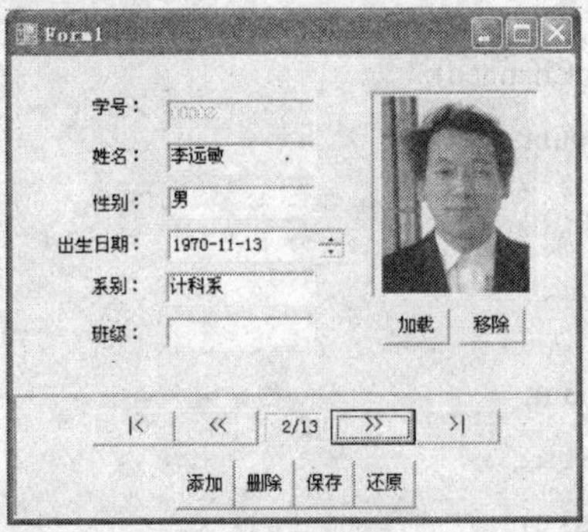

图 7-11   程序主界面

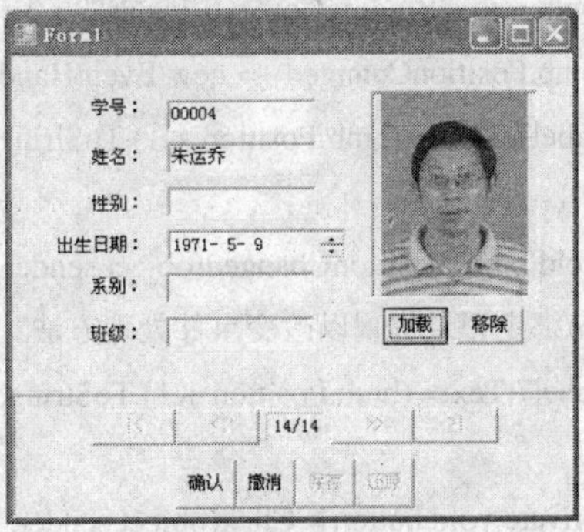

图 7-12   添加记录状态

其余功能主要由代码实现，下面为实现代码。

首先导入所需名字空间：

```
using System.Data;
using System.Data.SqlClient;
```

然后添加其他功能代码：

```
DataSet ds;
SqlDataAdapter da;
System.Windows.Forms.BindingManagerBase bmb;
private void Form1_Load(object sender, System.EventArgs e)
{
string conn = "Data Source=.;Initial Catalog=Student;Integrated Security=SSPI";
string ssql = " select * from  学生信息表";
SqlCommand cmd = new SqlCommand(ssql, new SqlConnection(conn));
da = new SqlDataAdapter(cmd);
SqlCommandBuilder sb = new SqlCommandBuilder(da);
// SqlCommandBuilder 对象可获得生成 DataAdapter 对象所需的命令
da.DeleteCommand = sb.GetDeleteCommand();
da.UpdateCommand = sb.GetUpdateCommand();
da.InsertCommand = sb.GetInsertCommand();
ds = new DataSet();
da.Fill(ds,"学生信息表");
this.textBox1.DataBindings.Add("Text", ds, "学生信息表.学号", true);
this.textBox2.DataBindings.Add("Text", ds, "学生信息表.姓名", true);
this.textBox3.DataBindings.Add("Text", ds, "学生信息表.性别", true);
this.textBox4.DataBindings.Add("Text", ds, "学生信息表.系别", true);
this.textBox5.DataBindings.Add("Text", ds, "学生信息表.班级名", true);
this.dateTimePicker1.DataBindings.Add("Text", ds, "学生信息表.出生日期", true);
this.pictureBox1.DataBindings.Add("Image", ds, "学生信息表.相片", true);
```

```csharp
        bmb = this.BindingContext[this.ds,"学生信息表"];
        bmb.PositionChanged += new EventHandler(bmb_PositionChanged);
        label7.Text = (bmb.Position + 1).ToString() + "/" + bmb.Count;
    }
    void bmb_PositionChanged(object sender, EventArgs e)
    {//绑定记录位置以改变事件处理方法
        label7.Text= (bmb.Position + 1).ToString() + "/" + bmb.Count;
    }
    private void button1_Click(object sender, System.EventArgs e)
    {//移到第一条记录
        if(bmb.Count!=0)
        bmb.Position=0;
    }
    private void button2_Click(object sender, System.EventArgs e)
    {//移动到上一条
        if(bmb.Count!=0&&bmb.Position>0)
        bmb.Position--;
    }
    private void button4_Click(object sender, System.EventArgs e)
    {//移动到最后一条
        if(bmb.Count!=0)
        bmb.Position=bmb.Count-1;
    }
    private void button3_Click(object sender, System.EventArgs e)
    {//移动到下一条
        if(bmb.Count!=0&&bmb.Position<bmb.Count-1)
        bmb.Position++;
    }
    private void button8_Click(object sender, System.EventArgs e)
    {//保存记录
        bmb.EndCurrentEdit();
        da.Update(ds, "学生信息表");
    }
    private void button7_Click(object sender, System.EventArgs e)
    {//放弃所有操作
        ds.RejectChanges();
    }
    private void button5_Click(object sender, System.EventArgs e)
    {//添加或确认添加按钮
```

```
if (button5.Text == "添加")
{
button5.Text = "确认";
button6.Text = "撤消";
bmb.AddNew();
this.textBox1.Enabled = true;
this.button1.Enabled = false;
this.button2.Enabled = false;
this.button3.Enabled = false;
this.button4.Enabled = false;
this.button7.Enabled = false;
this.button8.Enabled = false;
}
else
{
bmb.EndCurrentEdit();
button5.Text = "添加";
button6.Text = "删除";
textBox1.Enabled = false;
button1.Enabled = true;
button2.Enabled = true;
button3.Enabled = true;
button4.Enabled = true;
button7.Enabled = true;
button8.Enabled = true;
}
}
private void button6_Click(object sender, System.EventArgs e)
{//撤消添加或删除按钮
if (button6.Text == "删除")
{
DataRowView dv = bmb.Current as DataRowView;
dv.Delete();
}
else
{
bmb.CancelCurrentEdit();
bmb.EndCurrentEdit();
button5.Text = "添加";
```

```
button6.Text = "删除";
textBox1.Enabled = false;
button1.Enabled = true;
button2.Enabled = true;
button3.Enabled = true;
button4.Enabled = true;
button7.Enabled = true;
button8.Enabled = true;
}
}
private void button9_Click(object sender, System.EventArgs e)
{//载入相片按钮
OpenFileDialog dlg = new OpenFileDialog();
dlg.Filter="JPEG 文件(*.jpg)|*.jpg|BMP 文件(*.bmp)|*.bmp";
if(dlg.ShowDialog()==DialogResult.OK)
{
Bitmap bp=new Bitmap(dlg.FileName);
this.pictureBox1.Image=bp;
}
}
private void button10_Click(object sender, EventArgs e)
{//移除相片按钮
this.pictureBox1.Image = null;
}
```

其中的 bmb.PositionChanged 事件的处理方法 bmb_PositionChanged 的添加过程为：在 bmb.PositionChanged 后输入“+=”后，系统会提示用户按【TAB】键，当按要求操作后，“+=”后的代码及方法的框架系统会自动生成。

情 境 总 结

本学习情境较为详细地介绍了 ADO.NET 的体系结构及其内部各组成对象的参数及使用方法，以及在 C#环境下利用 ADO.NET 访问数据库的一般过程与相关的操作，最后介绍 VS2005 下新提供的数据组件——BindingSource 组件的使用方法。

练 习 题

问答题

1. ADO.NET 数据提供程序有多种，请说出其中的两种，并指出如何在 .NET 中引用它们的名字空间。

2. 数据提供程序的四个核心对象是什么？分别简述它们的作用。

3. 简述利用 DataReader 对象读取数据表记录的过程或步骤。

4. 数据集包含哪些集合数据？说明类型化数据集与非类型化数据集的区别。

5. 简述在窗体中可视化绑定控件到 BindingSource 组件的过程。

6. 编写一个 Windows 界面应用程序，用 ListView 控件显示出本章 Student 数据库中所有存在课程不及格的学生和不及格的科目数。

学习情境 8　班级管理系统的开发

情 境 引 入

学生信息都是由人工管理和文件记载的。随着社会不断发展，学生数量急剧增加，有关学生的各种信息也成倍增长。面对巨大的信息量，不可避免地增加了管理的工作量及复杂程度，使有关管理人员工作负担重、压力大，并且人工管理存在大量的不可控制因素，对学生信息的管理无法规范。

依据高校现存学生信息管理的弊端及学生信息管理的基本流程，本系统针对高校学生系统的特点及管理中的情况而设计，减轻了管理人员的工作负担，能够规范高效地管理大量的学生信息，并避免人为操作错误和不规范行为，同时还提供给学生查询自身某些信息的功能，使得信息管理更为方便和有效。

工作任务 1　需 求 分 析

任务描述

1. 系统功能需求分析

学生信息管理系统需要满足来自两方面的需求：普通教师和管理人员。普通教师的需求是查询学生基本信息、成绩信息和修改本人密码；而管理人员的功能比较多，包括对学生基本信息、班级信息、课程信息、成绩信息和用户信息进行管理和维护。

1) 普通教师

普通教师根据本人的密码登录系统后，可以进行学生和成绩信息的查询。一般情况下，普通教师只有修改本人密码的权限，而不允许修改其他用户的密码，所以需对普通教师登录模块进行考虑，设置其相应的权限。

2) 管理人员

管理人员部分的信息量大，数据安全性和保密性要求最高。除了具有普通教师的权限外，管理人员还具有对学生的基本信息、班级、课程、成绩和用户等信息的管理和维护的权限。

综上所述，学生信息管理系统主要应具有以下功能。

(1) 班级信息管理，包括班级信息的录入、修改与删除等功能。

(2) 学生基本信息管理，包括学生基本信息的录入、修改与删除等功能。

(3) 课程信息管理，包括课程信息的录入、修改与删除等功能。

(4) 成绩信息管理，包括成绩信息的录入、修改与删除等功能。

(5) 用户信息管理，包括用户的添加和密码的修改功能。

(6) 数据查询，包括学生基本信息和学生成绩的查询等功能。

2. 系统数据需求分析

在软件中需要处理的数据是客观世界中存在的事物及其联系的反映。客观世界中的事物分为对象和性质两大类：对象可以是实际的或概念的东西，也可以是事物与事物之间的联系。性质则是指事物的特征或属性。通常将客观世界中的事物叫做实体，实体是由若干个属性的属性值组成的，属性是实体某个方面的特征，对应于事物的性质。

E-R 方法，即实体—联系方法。在需求分析阶段使用 E-R 图，可以定义一个实体模型，不涉及具体的数据结构、存取路径、存取效率等问题，是一个独立于机器和具体 DBMS 的概念模式。

在本系统中主要包括学生实体、班级实体、年级实体、课程实体。各个实体的 E-R 图分别如图 8-1～图 8-3 所示。

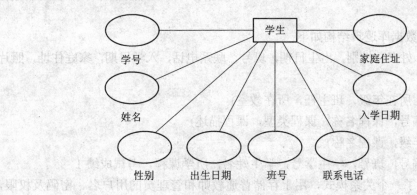

图 8-1　学生实体的 E-R 图

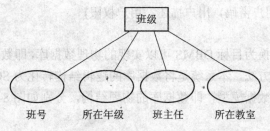

图 8-2　班级实体的 E-R 图

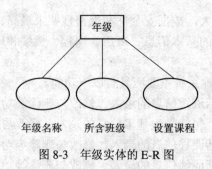

图 8-3　年级实体的 E-R 图

工作任务 2　系 统 设 计

1. 系统功能模块设计

在功能需求分析的基础上，按照结构化程序设计的要求，得到系统功能模块。

2. 数据库设计

1) 逻辑结构设计

将概念结构 E-R 图转换成具体的 DBMS 数据库产品支持的数据模型，形成数据库逻辑模式。本实例中采用关系型 DBMS，因此数据库的逻辑设计过程就是把 E-R 图转化为关系模式的过程。而关系模型的主要特征是用二维表格结构(又称关系)描述实体，用外键表示实体间的联系。

本系统设计的数据库逻辑结构如下：

● 学籍(学号，姓名，性别，出生日期，班号，联系电话，入学日期，家庭住址，照片，备注)

● 班级(班号，所在年级，班主任，所在教室)

● 课程(课程编号，课程名称，课程类型，课程描述)

● 年级课程(年级，课程名称)

● 成绩(考试编号，班号，学生学号，学生姓名，所学课程，考试成绩 1

另外，还加入了一个关系模式，用于存储普通教师和管理员的用户名、密码及权限，以便教师和管理员进入相应的功能模块时进行身份验证。

● 用户(用户名，用户密码，用户描述，用户权限)

2) 物理结构设计

将逻辑数据结构转换为目标 DBMS 可以实现的物理数据库，即数据库的存储记录格式、存储记录的安排和存取方法。本系统是将数据库的逻辑结构转化为 SQL Server 2008 数据库管理系统所支持的实际数据模型，即数据库的物理结构，分别如图 8-4～图 8-9 所示。

列名	数据类型	允许 Null 值
student_ID	nchar(10)	☐
student_Name	nchar(10)	☑
student_Sex	nchar(10)	☑
student_Bir	datetime	☑
student_Class_No	nchar(10)	☑
student_tel	nchar(11)	☑
student_Rdata	datetime	☑
address	nchar(200)	☑
memment	nchar(1000)	☑
photo	image	☑
		☐

图 8-4　学生基本信息表 StudentInfo

列名	数据类型	允许 Null 值
course	nchar(10)	☐
course_Name	nchar(30)	☑
course_Type	nchar(10)	☑
course_Des	nchar(1000)	☑
		☐

图 8-5　课程信息表：courseInfo

列名	数据类型	允许 Null 值
grade	nchar(10)	☐
course_Name	nchar(10)	☑
		☐

图 8-6　年级课程设计：gradeCourseInfo

列名	数据类型	允许 Null 值
result_No	nchar(10)	☐
student_ID	nchar(10)	☐
student_Name	nchar(10)	☑
class_No	nchar(10)	☑
course_Name	nchar(10)	☑
result	float	☑
		☐

图 8-7　成绩信息表：resultInfo

列名	数据类型	允许 Null 值
user_ID	nchar(10)	☑
password	nchar(10)	☑
user_Type	int	☑
		☐

图 8-8　用户表：userInfo

列名	数据类型	允许 Null 值
class_No	nchar(10)	☐
grade	nchar(10)	☑
director	nchar(10)	☑
class_Room_No	nchar(10)	☑
		☐

图 8-9　班级表：classInfo

工作任务 3　数据库的实现

任务描述

根据数据库逻辑结构设计和物理结构设计的结果，就可以在 SQL Server 2008 数据库系统中建立数据库及其表。本实例是在 SQL Server 2008 的 SQL 查询分析窗口中实现的。

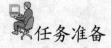

任务准备

一台装有 SQL Server 2008 数据库服务器的电脑，且安装有 SQL Server Management Studio 数据库服务管理平台。

任务实施

【任务 1】　创建数据库。

打开查询分析窗口，输入下列语句并执行，创建 Student 数据库。

```
USE master
GO
IF EXISTS(SELECT * FROM dbo. sysdatabases WHERE name：'Student')
DROP DATABASE Student
GO
CREATE DATABASE Student
GO
```

【任务 2】　创建学籍表 studentInfo。

输入下列语句并执行：

```
USE student
GO
SET ANSI_NULLS ON
GO
SET QUOTED_IDENTIFIER ON
GO
CREATE TABLEstudentInfo
(   student_ID   nchar (10)   NOT NULL,
      student_Name   nchar(10)   NULL,
      student_Sex    nchar (10)   NULL,
      student_Bir    datetime     NULL,
```

```
        student_Class_No    nchar (10) NULL,
        student_tel     nchar (11) NULL,
        student_Rdata     datetime   NULL,
        address     nchar (200) NULL,
        memment     nchar (1000) NULL,
        photo     image   NULL,
    CONSTRAINT   PK_studentInfo   PRIMARY KEY CLUSTERED
(
        student_ID    ASC
)WITH (PAD_INDEX   = OFF, STATISTICS_NORECOMPUTE   = OFF, IGNORE_DUP_KEY = OFF,
ALLOW_ROW_LOCKS   = ON, ALLOW_PAGE_LOCKS   = ON) ON   PRIMARY
) ON   PRIMARY   TEXTIMAGE_ON   PRIMARY
GO
```

【任务 3】 创建班级表 classInfo。

输入下列语句并执行：

```
USE   student
GO
SET ANSI_NULLS ON
GO
SET QUOTED_IDENTIFIER ON
GO
CREATE TABLE   dbo . classInfo (
        class_No     nchar (10) NOT NULL,
        grade    nchar (10) NULL,
        director    nchar (10) NULL,
        class_Room_No    nchar (10) NULL,
    CONSTRAINT   PK_classInfo   PRIMARY KEY CLUSTERED
(
        class_No    ASC
)WITH (PAD_INDEX   = OFF, STATISTICS_NORECOMPUTE   = OFF, IGNORE_DUP_KEY = OFF,
ALLOW_ROW_LOCKS   = ON, ALLOW_PAGE_LOCKS   = ON) ON   PRIMARY
) ON   PRIMARY
GO
```

【任务 4】 创建课程信息表 courseInfo。

输入下列语句并执行：

```
USE   student
GO
SET ANSI_NULLS ON
GO
```

```
SET QUOTED_IDENTIFIER ON
GO
CREATE TABLE   dbo . courseInfo (
 course      nchar (10) NOT NULL,
 course_Name     nchar (30) NULL,
 course_Type    nchar (10) NULL,
 course_Des     nchar (1000) NULL,
 CONSTRAINT   PK_courseInfo   PRIMARY KEY CLUSTERED
( course   ASC
)WITH (PAD_INDEX   = OFF, STATISTICS_NORECOMPUTE   = OFF, IGNORE_DUP_KEY = OFF,
ALLOW_ROW_LOCKS   = ON, ALLOW_PAGE_LOCKS   = ON) ON   PRIMARY
) ON   PRIMARY
GO
```

【任务 5】 创建年级课程信息表 gradecourseInfo。
输入下列语句并执行：

```
USE   student
GO
SET ANSI_NULLS ON
GO
SET QUOTED_IDENTIFIER ON
GO
CREATE TABLE   dbo . gradeCourseInfo (
     grade    nchar (10) NOT NULL,
     course_Name     nchar (10) NULL
) ON   PRIMARY
GO
```

【任务 6】 创建成绩信息表 resultInfo。
输入下列语句并执行：

```
USE   student
GO
SET ANSI_NULLS ON
GO
SET QUOTED_IDENTIFIER ON
GO
CREATE TABLE   dbo . resultInfo (
     result_No    nchar (10) NOT NULL,
     student_ID     nchar (10) NOT NULL,
     student_Name    nchar (10) NULL,
     class_No     nchar (10) NULL,
```

```
        course_Name      nchar (10) NULL,
        result     float    NULL
) ON    PRIMARY
GO
```

【任务 7】创建用户表 userInfo。

输入下列语句并执行：

```
USE   student
GO
SET ANSI_NULLS ON
GO
SET QUOTED_IDENTIFIER ON
GO
CREATE TABLE    dbo . userInfo (
        user_ID     nchar (10) NULL,
        password     nchar (10) NULL,
        user_Type     int    NULL
) ON    PRIMARY
GO
```

工作任务 4 系统程序的实现

任务描述

为了让读者能更好地理解本系统的功能，下面先对本系统的所有窗体及其功能做一个简单介绍，详细信息将在后面讲解。

1. Fmain 窗体(系统主窗体)

Fmain 窗体是学生信息管理系统的主窗口，用户通过单击此窗口上的菜单，进入相应的子窗口。

2. Flogin 窗体(登录窗体)

Flogin 窗体用于用户登录系统，并根据用户的权限决定可以进行的操作。

3. Fbanji 窗体(添加班级信息窗体)

Fbanji 窗体只允许系统管理员进入，管理员在此窗口中可以进行添加班级的操作。

4. Fkecheng 窗体(添加课程信息窗体)

Fkecheng 窗体只允许系统管理员进入，管理员在此窗口中可以进行添加课程的操作。

5. Fchengji 窗体(添加成绩信息窗体)

Fchengji 窗体只允许系统管理员进入，管理员可以进行添加成绩的操作。

6．Fxueji 窗体(添加学籍信息窗体)

Fxueji 窗体只允许系统管理员进入，管理员可以进行添加学籍的操作。

7．Fsystem 窗体(添加用户窗体)

Fsystem 窗体只允许系统管理员进入，管理员可以进行添加用户的操作。

8．frmSetcourseinfo(设置年级课程窗体)

frmSetcourseinfo 窗体只允许系统管理员进入，管理员可以进行设置年级课程的操作。

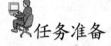
任务准备

　　一台装有 SQL Server 2008 数据库服务器的电脑，且安装有 SQL Server Management Studio 数据库服务管理平台。

任务实施

【任务 1】　创建标准模块。

　　在 Visual C#中可以使用标准模块来存放整个工程中的公用函数和全局变量等。整个工程中的任何地方都可以调用标准模块中的函数过程和变量，这样可以极大地提高代码的效率。

　　操作步骤如下：

　① 选择【文件】→【新建工程】命令，新建一个工程。

　② 选择【工程】→【添加模块】命令，为当前工程添加一个标准模块。

　③ 在其通用声明段声明以下全局变量：

System.Data.SqlClient.SqlConnection，用于定义连接数据库的对象。

System.Data.SqlClient.SqlDataReader，用于映射来自基表或命令执行结果的记录集。

System.Data.SqlClient.SqlCommand，用于映射对数据源执行的命令。

private static string Flogin_ID，用于保存登录系统的用户名。

　④ 将建立数据库连接和关闭数据库连接操作分别定义为两个全局子过程，放在标准模块中以供系统共享。

　　自定义"建立数据库连接"子过程：

```
SqlConnection conn = new SqlConnection( );

conn.Close();
```

　　自定义"关闭数据库连接"子过程：

```
conn.Close();
```

【任务 2】　系统主窗体的实现。

　(1) 界面设计。

　① 主窗体的设计：在 Visual C#中，选择【新建项目】→【应用程序】。

　② 制作菜单：在左边的"工具栏"中的菜单和容器栏中选择 MenuStrip，然后在窗体中单击并安装图 8-10 的布局设置。将窗体的"属性"栏中的 backgroundimage 属性设置为

背景图片。主窗体的布局如图 8-10 所示。

图 8-10　学生信息管理系统主窗体

(2) 代码分析与设计。

① 编写主窗体加载事件代码，设置主窗体的菜单和加载页面并判断用户的类型。

```
private void Fmain_Load(object sender, EventArgs e)
        {
                Flogin F = new Flogin();
                CommonClass.FloginInfo flogin=new  班级管理系统.CommonClass.FloginInfo();
                F.ShowDialog();

                if (flogin.FLogin_Type == "2")
                {
                        成绩管理 ToolStripMenuItem.Visible = false;
                        课程管理 ToolStripMenuItem.Visible = false;
                        班级管理 ToolStripMenuItem.Visible = false;
                }

                else if (flogin.FLogin_Type == "1")
                {
                        成绩管理 ToolStripMenuItem.Visible = true;
                        课程管理 ToolStripMenuItem.Visible = true;
                        班级管理 ToolStripMenuItem.Visible = true;
                }
                else
                {
```

```
            MessageBox.Show("此用户已被黑客攻击，你无法使用", "警告！",
MessageBoxButtons.OK, MessageBoxIcon.Error);
                Application.Exit();
            }
        }
```

② 建立菜单项与窗体之间的关联。

```
private void 学籍管理 ToolStripMenuItem_Click(object sender, EventArgs e)
    {
        Fxueji fxueji = new Fxueji();
        fxueji.Show();
    }


    private void 系统管理 ToolStripMenuItem_Click(object sender, EventArgs e)
    {
        Fsystem fsystem = new Fsystem();
        fsystem.Show();
    }


    private void 成绩管理 ToolStripMenuItem_Click(object sender, EventArgs e)
    {
        Fchengji fchengji = new Fchengji();
        fchengji.Show();
    }


    private void 班级管理 ToolStripMenuItem_Click(object sender, EventArgs e)
    {
        Fbanji fbanji = new Fbanji();
        fbanji.Show();


    }


    private void 课程管理 ToolStripMenuItem_Click(object sender, EventArgs e)
    {
        Fkecheng fkecheng = new Fkecheng();
        fkecheng.Show();


    }
```

【任务 3】 登录模块的实现。

(1) 登录界面设计，如图 8-11 所示。

图 8-11　登录窗体布局

(2) 代码分析与设计。

① 编写"登录"按钮事件代码，分析如下：

● 与数据库建立连接。

● 为了避免用户不输入用户名就登录(用户名不允许为空)，应给予提醒"没有这个用户，请重新输入用户名！"。

● 判断用户输入的非空用户名和密码在用户表中是否存在，即是否是合法用户。若不是，则提示"用户名或密码错误，请重新输入！"的错误信息；若是合法用户，则进入主窗体，并根据其权限来决定用户可以进行的操作(普通教师可以进行的操作仅仅是查询，而超级管理员则可以进行任何操作)。

● 断开与数据库的连接。

代码如下：

```
private void button1_Click(object sender, EventArgs e)
        { if (textBox1.Text.Trim() != string.Empty && textBox2.Text.Trim() != string.Empty &&
textBox3.Text.Trim() != string.Empty)
                {if (textBox3.Text == textBox4.Text)
                    { if (cd.loginChaxunYonghu(this.textBox1.Text, this.textBox2.Text) != string.Empty)
            { f.FLogin_ID = this.textBox1.Text;
            f.FLogin_Type = cd.loginChaxunYonghu(this.textBox1.Text, this.textBox2.Text);
            this.Close();
                    }
                else
                    {MessageBox.Show("用户名和密码不匹配，请查证！", "提示",
MessageBoxButtons.OK, MessageBoxIcon.Asterisk);
                    }
                }
```

```
                        else
                        {MessageBox.Show("请填写完整再单击确定按钮！", "提示",
MessageBoxButtons.OK, MessageBoxIcon.Asterisk);
                            }
                        }
        }
```

② 编写"退出"按钮事件代码：

```
Application.ExitThread();
```

③ 验证码功能代码：

```
private void Flogin_Load(object sender, EventArgs e)
    {
        Random ran = new Random();
        q = ran.Next();
        textBox4.Text = q.ToString();
    }
```

【任务 4】 学籍管理模块的实现。

(1) 界面设计，如图 8-12 所示。

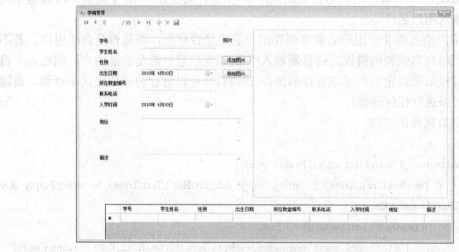

图 8-12　"添加学籍信息"窗体布局

(2) 代码分析与设计。

① 编写窗体加载事件代码。在这里介绍一种简单有效的方法：向导绑定数据库可以实现班级管理系统的主要功能，当然还有其他实现方法，这里不再介绍。

代码如下：

```
private void Fxueji_Load(object sender, EventArgs e)
        {
            if (f.FLogin_Type == "2")    //判断是哪个用户(只有管理员才有这个权利)(2 代表管理员,
后面会提到的)
            {    //初始化绑定数据
```

```
            bindingNavigatorAddNewItem.Visible = false;
            bindingNavigatorDeleteItem.Visible = false;
            studentInfoBindingNavigatorSaveItem.Visible = false;
        }
        // TODO: 这行代码将数据加载到表"studentDataSet.studentInfo"中。您可以根据需要移
```
动或移除它。
```
        this.studentInfoTableAdapter.Fill(this.studentDataSet.studentInfo);// 将 数 据 填 充 到
```
this.studentDataSet.studentInfo 对象中。
```
    }
private void studentInfoBindingNavigatorSaveItem_Click(object sender, EventArgs e)
    {   this.Validate();
        this.studentInfoBindingSource.EndEdit();
        this.studentInfoTableAdapter.Update(this.studentDataSet.studentInfo);
    }
```

【任务 5】 班级管理模块的实现。

"添加班级信息"窗体布局如图 8-13 所示，其语句代码与"添加班级信息"的修改代码如下：

```
    private void button2_Click(object sender, EventArgs e)
        {if (button2.Text == "确定")
            {if (textBox1.Text.Trim() != "" && comboBox1.Text.Trim() != "" &&
            textBox3.Text.Trim() != "" && textBox4.Text.Trim() != "")
                { if (cd.banjiSelect(textBox1.Text) != string.Empty)
            { cd.banjiInsertUpdataDelete(textBox1.Text, comboBox1.Text, textBox3.Text, textBox4.Text,
                CommonClass.ConnectionClass.banjiUpdata);
MessageBox.Show("修改成功！ ", "提示", MessageBoxButtons.YesNo, MessageBoxIcon.Information);
 button2.Text = "修改班级";    }
                        else{ MessageBox.Show("该班级不存在，请换个班级！ ", "提示",
                        MessageBoxButtons.YesNo, MessageBoxIcon.Information);}
            }
                else
        {
MessageBox.Show("请输入完整的信息！ ", "提示",
MessageBoxButtons.YesNo, MessageBoxIcon.Information);
        }
        }
    else
        {   button2.Text = "确定";
        }
    }
```

图 8-13　"添加班级信息"窗体布局

【任务 6】 课程管理模块的实现。

(1) 界面设计如图 8-14 所示。

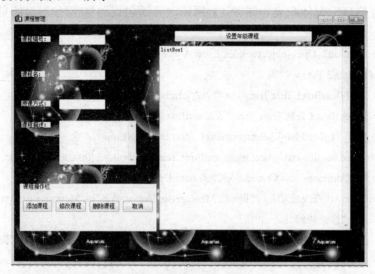

图 8-14　"课程管理"信息窗体布局

(2) 代码分析与设计。

① 编写窗体加载、卸载事件代码：

```
private void Fkecheng_Load(object sender, EventArgs e)
    {    listBox1.Items.Clear();
        string[] str = new string[1000];
        str = comand.kechengselect(true);
        for (int i = 0; i < comand.K; i++)
            listBox1.Items.Add(str[i]);
    }
```

② 编写"设置年级课程"按钮事件代码：

```
private void button7_Click(object sender, EventArgs e)
    {    this.Width = 1152;
        string[] str = new string[1000];
        str = comand.kechengselect(false);
        for (int i = 0; i < comand.K; i++)
            listBox2.Items.Add(str[i]);
    }
```

分析：将课程信息表中的所有课程添加到"所有课程"列表中使用到的方法kechengselect()的代码如下：

```
public string[] kechengselect(bool b)
    {      string[] str = new string[1000];
        str[0] = "课程编号".ToString() + " " + "课程名".ToString() +" "+ "授课方式".ToString();
        int i=1;
        K = 1;
        SqlConnection conn = new SqlConnection(ConnectionClass.sqlconnection);
        SqlCommand cmd = new SqlCommand(ConnectionClass.kechengSelect2, conn);
        try
            {conn.Open();
            SqlDataReader reader = cmd.ExecuteReader();
            if (b)
            {while (reader.Read())
                {str[i++] = reader[0].ToString() + " " + reader[1].ToString() + " " +
reader[2].ToString();
                    K++;
                }
                return str;
            }
            else
            {while (reader.Read())
                {str[i++] =    reader[1].ToString() ;
                    K++;
                }
                return str;
            }
        }
        finally
        { if (conn.State == ConnectionState.Open)
    conn.Close();
```

```
        }
    }
```

③ 编写年级组合框的单击事件代码。

分析：将年级课程信息表中所有与年级组合框内所指定的年级对应的课程添加到"已经选择课程"列表中，使用户对该年级已经选择的课程一目了然，这样可以避免选取重复课程。将年级课程信息表中所有与 comboGrade 组合框内指定的年级对应的课程添加到"已经选择课程 n"列表中。

① 编写"添加课程"按钮事件代码：

```
private void button1_Click(object sender, EventArgs e)
    {if (button1.Text == "确定")
        {if (textBox1.Text.Trim() != "" && textBox2.Text.Trim() != "" &&
textBox3.Text.Trim() != "" && textBox4.Text.Trim() != "")
            { if (comand.kechengSelect(textBox1.Text) == string.Empty)
                {comand.kechengInsertUpdataDelete(textBox1.Text, textBox2.Text,
textBox3.Text, textBox4.Text, CommonClass.ConnectionClass.kechengInsert);
MessageBox.Show("添加成功！", "提示",
MessageBoxButtons.OK, MessageBoxIcon.Information);
                changState();
                button1.Text = "添加课程";
                Fkecheng_Load(sender,e);
        }
                else
                {MessageBox.Show("该课程编号已用过，请查证后再添加！",
"提示", MessageBoxButtons.OK, MessageBoxIcon.Exclamation);
                }
            }
            else
            {MessageBox.Show("请填写完整的信息！",
"提示", MessageBoxButtons.OK, MessageBoxIcon.Exclamation);
            }
        }
        else
        {
            button1.Text = "确定";
            changState();
        }
    }
```

② 编写"修改课程"按钮事件代码：

```
private void button2_Click(object sender, EventArgs e)
```

```
                    {if (button2.Text == "确定")
                        {if (textBox1.Text.Trim() != "" && textBox2.Text.Trim() != "" &&
        textBox3.Text.Trim() != "" && textBox4.Text.Trim() != "")
                            { if (comand.kechengSelect(textBox1.Text) != string.Empty)
                                {comand.kechengInsertUpdataDelete(textBox1.Text, textBox2.Text,
        textBox3.Text, textBox4.Text, CommonClass.ConnectionClass.kechengUpdate);
        MessageBox.Show("修改成功！", "提示", MessageBoxButtons.OK,
                                MessageBoxIcon.Information);
                                changState();
                                button2.Text = "修改课程";
                                Fkecheng_Load(sender, e);
                            }
                            else
                            {
                                MessageBox.Show("该课程编号不存在，请查证后再添加！",
        "提示", MessageBoxButtons.OK, MessageBoxIcon.Exclamation);
                            }
                        }
                        else
                        {MessageBox.Show("请填写完整的信息！",
        "提示", MessageBoxButtons.OK, MessageBoxIcon.Exclamation);
                        }
                    }
                    else
                    {
                        button2.Text = "确定";
                        changState();
                    }
                }
```

③　"删除课程"代码如下：

```
private void button3_Click(object sender, EventArgs e)
            {if (button3.Text == "确定")
                {if (textBox1.Text.Trim() != "" && textBox2.Text.Trim() != "" &&
        textBox3.Text.Trim() != "" && textBox4.Text.Trim() != "")
                    {if (comand.kechengSelect(textBox1.Text) != string.Empty)
                        {comand.kechengInsertUpdateDelete(textBox1.Text, textBox2.Text,
        textBox3.Text, textBox4.Text, CommonClass.ConnectionClass.kechengDelete);
                        MessageBox.Show("删除成功！", "提示",
```

```
MessageBoxButtons.OK, MessageBoxIcon.Information);
                          changState();
                          button3.Text = "删除课程";
                          Fkecheng_Load(sender, e);
                      }
                      else
                      {MessageBox.Show("该课程编号不存在，请查证后再添加！",
"提示", MessageBoxButtons.OK, MessageBoxIcon.Exclamation);
                      }
                  }
                  else
                  {MessageBox.Show("请填写完整的信息！",
"提示", MessageBoxButtons.OK, MessageBoxIcon.Exclamation);
                  }
              }
              else
              {   button3.Text = "确定";
                  changState();
              }
      }
```

④ 其中用到的两个方法的代码如下：

```
private void changState()
        {
                textBox1.Enabled =! textBox1.Enabled;
                textBox2.Enabled = !textBox2.Enabled;
                textBox3.Enabled = !textBox3.Enabled;
                textBox4.Enabled = !textBox4.Enabled;
        }
public void kechengInsertUpdateDelete(string course, string course_Name,
string course_Type, string course_Des, string sqlconnect)
      {   SqlConnection conn = new SqlConnection(ConnectionClass.sqlconnection);
          SqlCommand cmd = new SqlCommand(sqlconnect, conn);
          cmd.Parameters.Add(new SqlParameter("@course", course));
          cmd.Parameters.Add(new SqlParameter("@course_Name", course_Name));
          cmd.Parameters.Add(new SqlParameter("@course_Type", course_Type));
          cmd.Parameters.Add(new SqlParameter("@course_Des", course_Des));
          try
          {   conn.Open();
              cmd.ExecuteNonQuery();
```

```
        conn.Close();
    }
    finally
    { if (conn.State == ConnectionState.Open)
            conn.Close();
    }
}
```

【**任务 7**】　成绩管理模块的实现。

分析：这里使用动态数据库绑定来实现，窗体布局如图 8-15 所示。

图 8-15　"添加成绩信息"窗体

① 加载代码如下：

```
private void Fchengji_Load(object sender, EventArgs e)
    {SqlConnection conn = new SqlConnection(CommonClass.ConnectionClass.sqlconnection);
        da = new SqlDataAdapter(CommonClass.ConnectionClass.sqlchengjiSelect, conn);
        SqlCommandBuilder cd = new SqlCommandBuilder(da);
        da.UpdateCommand = cd.GetUpdateCommand();
        da.InsertCommand = cd.GetInsertCommand();
        da.DeleteCommand = cd.GetDeleteCommand();
        da.Fill(ds, "resultInfo");
        bs = new BindingSource(ds, "resultInfo");
        label7.Text = (bs.Position + 1) + "/" + bs.Count;
        textBox1.DataBindings.Add("Text", bs, "result_No",true);
        textBox2.DataBindings.Add("Text", bs, "student_ID",true);
        textBox3.DataBindings.Add("Text", bs, "student_Name",true);
        textBox4.DataBindings.Add("Text", bs, "class_No",true);
        textBox5.DataBindings.Add("Text", bs, "course_Name",true);
```

```
            textBox6.DataBindings.Add("Text", bs, "result",true);
            dataGridView1.DataSource = bs;
            bs.PositionChanged += new EventHandler(bs_PositionChanged);
        }
```

② "添加信息"代码如下：

```
private void button1_Click(object sender, EventArgs e)
        {
            bs.AddNew();
            bs.MoveNext();
        }
```

③ "删除信息"代码如下：

```
private void button3_Click(object sender, EventArgs e)
        {
            bs.RemoveAt(bs.Position);
        }
```

【任务 8】 系统管理模块的实现。

1) 添加用户

界面设计如图 8-16 所示，设置"添加用户"窗体。

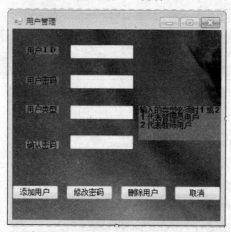

图 8-16 "添加用户"窗体布局

2) 代码分析与设计

(1) 编写窗体加载事件代码。

```
private void Fsystem_Load(object sender, EventArgs e)
        { if (f.FLogin_Type == "2")
            { button2.Visible = false;
              button4.Visible = false;
            }
        }
```

(2) 编写"添加用户"按钮事件代码。

分析：

● 用户名不能为空。若非空，则判断该用户在用户表中是否已经存在。

● 若该用户在用户表中不存在，则判断两次输入的密码是否一致。需要注意的是两个密码相同的一种特殊情况是二者均为空，需要进一步判断。

代码如下：

```
private void button2_Click(object sender, EventArgs e)
        {if (button2.Text == "确定")
            {if (textBox1.Text.Trim() != string.Empty && textBox2.Text.Trim() != string.Empty &&
textBox3.Text.Trim() != string.Empty && textBox4.Text.Trim() != string.Empty)
                {if (textBox2.Text == textBox4.Text)
                    {if (textBox3.Text == "1" || textBox3.Text == "2")
                        {if (cd.loginChaxunYonghu(textBox1.Text) == string.Empty)
                            {cd.user_InsertUpdateDelete(textBox1.Text,textBox2.Text,
textBox3.Text,CommonClass.ConnectionClass.userInsert);
            MessageBox.Show("添加成功！", "提示",MessageBoxButtons.OK,
MessageBoxIcon.Information);
                                chaState();
                                button2.Text = "添加用户";
                            }
                            else
                            {MessageBox.Show("用户已存在请换一个用户！",
"提示", MessageBoxButtons.OK, MessageBoxIcon.Information);
                            }
                        }
                        else
                        { MessageBox.Show("用户类型错误。1：代表管理员。
2：代表教师用户！", "提示", MessageBoxButtons.OKCancel, MessageBoxIcon.Question);
                        }
                    }
                    else
                    { MessageBox.Show("输入的两次密码不同请重新输入！",
"提示", MessageBoxButtons.OKCancel, MessageBoxIcon.Question);
                    }
                }
                else
                { MessageBox.Show("你输入的信息不完整，请输入完整的信息！",
"提示", MessageBoxButtons.OKCancel, MessageBoxIcon.Question);
                }
```

```
                }
        else
            {button2.Text = "确定";
                chaState();
            }
        }
```

(3) 编写"取消"按钮事件代码：

```
private void button1_Click(object sender, EventArgs e)
    {  textBox1.Enabled = false;
        textBox2.Enabled = false;
        textBox3.Enabled = false;
        textBox4.Enabled = false;
        }
```

(4) 修改密码。

分析：

● 修改密码指修改当前登录用户的密码，因此需要将登录用户的用户名事先保存起来。

● 判断用户两次输入的密码是否一致。若不一致，则重新输入；若一致，则将修改后的新密码保存到用户表中。

代码如下：

```
private void button3_Click(object sender, EventArgs e)
        { if (button3.Text == "确定")
            {if (textBox2.Text == textBox4.Text)
                {cd.user_InsertUpdataDelete(textBox1.Text,textBox2.Text,
textBox3.Text,CommonClass.ConnectionClass.userUpdate);
MessageBox.Show("修改成功！ ", "提示", MessageBoxButtons.OK, MessageBoxIcon.Information);
                    button3.Text = "修改密码";
                    textBox2.Enabled = false;
                    textBox4.Enabled = false;
                }
                else
                {MessageBox.Show("输入的两次密码不同请重新输入！ ",
"提示", MessageBoxButtons.OKCancel, MessageBoxIcon.Question);
                }
            }
            else
            {   button3.Text = "确定";
                textBox1.Text = f.FLogin_ID;
                textBox3.Text = f.FLogin_Type;
                textBox2.Enabled = true;
```

```
                textBox4.Enabled = true;
        }
    }
```

(5) "删除用户"代码：

```
  private void button4_Click(object sender, EventArgs e)
    {textBox1.Enabled = true;
        if (button4.Text == "确定")
        {if (textBox1.Text == f.FLogin_ID)
            {MessageBox.Show("由于你删除的是登录的用户，因此你无权再使用，
请退出系统！！", "提示", MessageBoxButtons.OK, MessageBoxIcon.Information);
                    Application.ExitThread();
            }
            else
            {if (cd.loginChaxunYonghu(textBox1.Text) != string.Empty)
                    {cd.user_InsertUpdataDelete(textBox1.Text, textBox2.Text, textBox3.Text,
Common Class.ConnectionClass.userDelete);
                        MessageBox.Show("删除成功！", "提示", MessageBoxButtons.OK,
Message BoxIcon.Information);
                        button4.Text = "删除用户";
                        textBox1.Enabled = false;
                }
                else
                {MessageBox.Show("目前没有次用户！", "提示",
MessageBoxButtons.OK, MessageBoxIcon.Information);
                }
            }
        }
        else
        {button4.Text = "确定";
        }
    }
```

情　境　总　结

　　本学习情境以学生管理信息系统为例，详尽地介绍了在 C/S 两层结构中 SQL Server 2008 数据库与开发工具 Visual C#.NET 协同，运用比较流行的 ADO.NET 数据访问接口，以软件工程的思想为指导，从可行性研究开始，经过系统分析、系统设计、系统实施等主要阶段的数据库应用系统的规范化开发过程。实现了学生信息管理的电子化，既减轻了管理人员的工作负担，又能够规范高效地管理大量的学生信息，避免了人为操作的错误和不规范行为。

学习情境 9　电子相册管理系统的开发

情　境　引　入

　　本学习情境通过电子相册软件项目的设计和实现介绍用 Visual C#和 SQL Server 2008 来设计和开发 Windows 应用程序的过程。电子相册负责为用户管理机器中添加电子照片，具有一定的实用性。电子相册实现形式简单，功能结构清晰，对学生学习使用 Visual C#和 SQL Server 2008 来编写 Windows 应用程序会有很大的帮助。

工作任务 1　需 求 分 析

步骤 1：调研软件项目，描述系统目标，划分功能模块。
步骤 2：调研每个功能模块的工作流程、功能与业务逻辑。
步骤 3：对调研的内容进行事先准备，针对不同用户提出问题，列出问题清单。
步骤 4：对用户沟通情况及时总结归纳，整理调研结果，初步构成需求基线。
步骤 5：若基线符合要求，则需求分析完毕。

工作任务 2　系 统 设 计

　　系统设计主要包括客户需求的总结、功能模块的划分和系统流程的分析。根据客户的需求总结系统主要完成的功能以及将来拓展需要完成的功能，然后根据设计好的功能划分出系统的功能模块，以方便程序的管理和维护，最后设计出系统的流程。接下来，就对系统设计的前期准备做详细介绍。

1．系统功能描述

　　电子相册就像生活中的相册一样，可以添加、删除照片，并且可以对照片进行描述、分类等操作。因此，电子相册应该具有以下几个功能：

　　(1) 添加照片。照片可以来自机器中的任意文件夹。在添加照片时，可对照片进行一些描述，包括名称、照相时间、照片内容的描述等。

（2）对照片进行分类。照片在相册中被分为好几个类别，例如：动物、汽车、明星、风景等。所有的照片被分类存储在各个文件夹下面，从而方便用户浏览和查找。

（3）浏览照片。为了简单起见，本系统将所有的照片都显示在同样大小的窗口上。在浏览照片时，可以对照片的属性进行修改。

（4）查找照片。照片数目太多时寻找起来就会比较麻烦，所以电子相册提供了查找功能，可以根据照片的各个属性进行查找。

（5）删除照片。不需要保留的照片可以方便地从电子相册中删去。

另外，电子相册还可以提供一些其他复杂的功能，如对照片本身进行修改、动态添加照片类别、照片的放大缩小等。

2．功能模块划分

电子相册应该具有添加照片、对照片进行分类、浏览照片、查找照片、删除照片等功能。根据系统功能的需求分析，可把该系统的功能划分为 5 个模块，如图 9-1 所示。

（1）照片列表模块。该模块显示照片的树形分类。单击每个包含照片的树形目录会显示内部所有照片，单击照片则显示该照片。

图 9-1　系统功能模块图

（2）照片查询模块。该模块通过关键字等查询条件查找数据库中的照片信息，并将查找到的结果显示在列表视图中。若不输入查询条件而执行查找，则将显示所有图片信息。

（3）照片信息修改模块。该模块由几个按钮控制，用来修改数据库中的照片信息。

（4）照片管理模块。该模块可以执行照片的添加和删除。

（5）照片浏览模块。该模块显示照片。

3．系统流程分析

电子相册只有一个用户界面，通过该界面，用户可以实现对相册中照片的查看、浏览、搜索、管理等功能，详细的系统流程如图 9-2 所示。

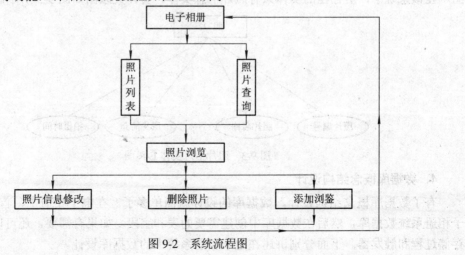

图 9-2　系统流程图

进入电子相册系统后可以看到照片列表和查找照片选项卡。通过选择所要浏览的照片可以浏览该照片，此时也可以实现照片信息的修改和删除功能。

如果要添加照片，需要选择所要添加照片的目录，然后才可以进行添加操作。

工作任务 3　数据库的实现

1．数据库设计

数据库结构设计的好坏直接影响到电子相册的实现效率和效果。合理地设计数据库结构可以提高数据存储的效率，保证数据的完整和统一。数据库设计一般包括如下几个步骤：

(1) 数据库需求分析。

(2) 数据库概念结构设计。

(3) 数据库逻辑结构分析。

2．数据库需求分析

电子相册的数据库功能主要体现在对照片的提供、保存、更新和查询操作上。针对该系统的数据特点，可以总结出如下的需求：

(1) 每张照片应该对应一个名称。

(2) 每张照片应该具有一个分类，以方便用户查找。

(3) 每张照片应该具有一个描述，以方便用户回忆该照片的信息。

(4) 每张照片应该记录拍摄的时间。

经过上述系统功能分析和需求总结，可以设计如下的数据项和数据结构：照片编号、照片名称、照片简介、照片分类、拍摄时间等数据项。

3．实体关系分析

电子相册的实体关系(E-R)分析是建立在系统功能模块分析基础上的。进行 E-R 分析首先要确定系统中的各个实体，并分析他们的属性和他们之间的关系，然后画出他们的 E-R 图。在该系统中，所存在的实体只有照片信息实体。实体关系图如图 9-3 所示。

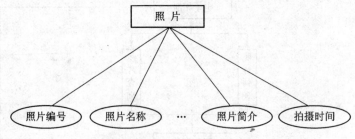

图 9-3　照片信息实体 E-R 图

4．数据库概念结构设计

有了数据库概念结构设计，数据库的设计就简单多了。在电子相册中，首先要创建电子相册系统数据库，然后在数据库中创建需要的表和字段。如果有需要，还可以设计视图、存储过程和触发器。下面分别讲述在电子相册系统中的数据库设计。

1) 创建数据库

在设计数据库表结构之前，首先要创建一个数据库。在 visual Studio.NET 开发环境中，启动"服务器资源管理器"窗口，在 SQL Server 服务器结点单击鼠标右键，在弹出的快捷菜单中选择"新建数据库"命令，将弹出"创建数据库"对话框；然后在数据库名称中输入"EAlbum"，选择"使用 Windows NT 集成安全性"单选按钮。其操作过程可以参考学习情景 3，这里不再赘述。

2) 创建表/字段

在这个数据库管理系统中要建立照片信息表，该表记录照片的详细信息，其结构如表9-1 所示。

表 9-1　照片信息表(photo)

列　名	数据类型	长　度	允许空
Id	int	4	否
Name	Nvarchar	50	否
[desc]	Nvarchar	20	是
Category	Int	4	否
Photo	Image	16	是
time	Nvarchar	50	是

3) 创建存储过程

存储过程提供数据驱动应用程序中的许多优点。利用存储过程，可以将数据库操作封装在单个命令中，为获取最佳性能而进行优化并通过附加的安全性增强系统的安全性。在本系统中只使用名为"sp_InsertPhoto"的存储过程，它用于将照片信息添加到相册中。添加的照片必须属于相册中已经给出的某一类型。存储过程的返回值是当前插入照片的 ID 号。创建该存储过程的脚本语言如下：

```
CREATE PROCEDURE sp_InsertPhoto
    @name AS VARCHAR(50),
    @image AS IMAGE,
    @album AS INT
 AS
INSERT INTO Photos ([name],  photo, category)
VALUES (@name, @image, @album)
RETURN @@identity
```

5．连接数据库

数据库的连接是在 model 类中实现的。该类是由 model.cs 文件实现的，主要实现从数据库中取出数据，并对这些数据进行相应的操作。

首先定义数据库连接对象 sqlConn，然后通过数据库连接字符串为对象赋值。如果该数据库的连接状态为关闭，则打开该数据库连接，等待数据库操作命令。

如果数据库名称或者其他信息需要更改则可在这里修改。具体参考程序清单如下：

```
private SqlConnection sqlConn;
```

………………………………………

```
sqlConn=new SqlConnection("data source=.;initial catalog=EAlbum;Persist Security Info=False;Integrated Security=SSPI;");
if(sqlConn.State == ConnectionState.Closed)
sqlConn.Open();
```

工作任务 4　用户界面设计

本系统虽然只包含一个界面，但是，为了给读者一个清晰的结构，本章按照功能模块将该界面分为 5 个功能模块来进行界面设计：照片列表模块、照片查询模块、照片浏览模块、照片信息修改模块和照片管理模块。

1. 照片列表模块的界面设计

照片列表模块由控件 TreeView 实现。该控件位于 TabControl 控件的列表选项卡中，主要实现照片目录夹和照片的树形列表功能。TreeView 控件被命名为 TreeAlbum，属于 list 视图类。

该类由 lisr.cs 文件实现，用于显示实现所有图片的树状图。该模块的界面设计如图 9-4 所示。

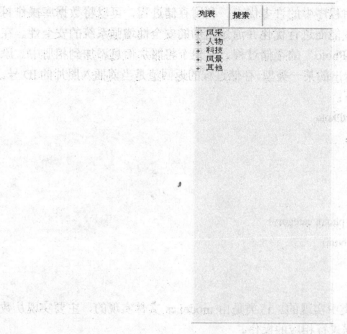

图 9-4　照片列表界面设计

2. 照片查询模块的界面设计

照片查询模块与照片列表模块同位于 TabControl 控件中。查询模块位于搜索选项卡，由两个 Label 控件、一个 ComboBox 控件、一个 TextBox 控件、一个 Button 控件和一个 ListView 控件组成。ListView 控件显示查找的结果，属于 Search 类。该类由 Search.cs 文件完成，用于实现显示查找后得到的照片列表。该模块的界面设计如图 9-5 所示。

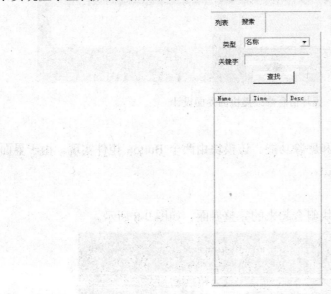

图 9-5　照片查询模块界面设计

3. 照片浏览模块的界面设计

照片浏览模块通过 PictureBox 控件显示照片，属于 Picture 类。该类由 picture.cs 文件完成，主要实现对应图片的显示功能。该功能模块还包括几个用来显示图片信息的控件，它们还隶属于照片信息修改功能模块。TextBox 控件属于 Attribute 类。该类由 attribute.cs 文件实现，主要实现照片名称、照相时间和描述信息的显示。该模块的界面设计如图 9-6 所示。

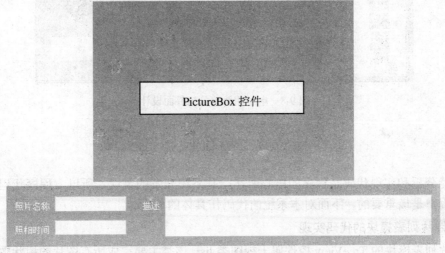

图 9-6　照片浏览模块的界面设计

4. 照片信息修改模块的界面设计

照片信息修改模块完成所浏览照片的信息修改功能，主要修改照片的名称、照相时间和描述。通过两个 Button 控件和三个 TextBox 控件可以实现该功能。设计好的界面如图 9-7 所示。

图 9-7　照片信息修改模块的界面设计

5. 照片管理模块的界面设计

照片管理模块实现照片的添加和删除功能。该模块由两个 Button 控件实现。由于界面设计比较简单，这里就不再单独列出。

6. 电子相册的整体界面设计

电子相册是由以上 5 个功能模块组合起来的完整界面，如图 9-8 所示。

图 9-8　电子相册的总体界面设计

工作任务 5　系统程序的实现

功能分析和实现代码是程序的核心所在，是系统开发的灵魂。所以，程序代码在系统开发过程中是最重要的，下面对本系统的代码作具体的分析。

1. 照片列表模块的代码实现

照片列表模块的 TreeView 控件属于视图类 list，该类主要完成所有图片的树状图显示功能。当执行添加、删除和更新属性操作时需要重新绘制该树状图，它是由 dataUpdate()函数完成的，其实现程序如下：

```
public void dataUpdate(Model model,string str,int npara)
        {
                this.model = model;
                //如果操作为删除、添加和更新属性，则重画树状图
                if(str.Equals("3") || str.Equals("4") || str.Equals("5"))
                        DrawTree();
                //如果是添加操作，还要负责将结点设为打开状态
                if(str.Equals("4"))
                        this.Nodes[npara].Expand();
        }


        //设置视图对应的模型
        public void SetModel(Model model)
        {
                this.model = model;
                DrawTree();
        }
```

dataUpdate()函数首先创建模型。如果操作为删除、添加和更新，则重画树状图，该功能由 DrawTree()函数完成。该函数的定义参见如下程序(如果是添加操作，还需要把结点设置为打开状态)：

```
private void DrawTree()
        {
                ArrayList textlist=new ArrayList();

                //将当前展开的结点放入textlist中
                for(int i=0;i<this.Nodes.Count;i++)
                {
                        if(this.Nodes[i].IsExpanded)
                                textlist.Add(this.Nodes[i].Text);
                }

                //把原视图清空(Nodes是TreeNode的一个成员)
                this.Nodes.Clear();

                //将结点加入TreeNode中
                for(int i=0;i<model.albumList.Count;i++)
                {
```

```
                InsertAlbum((string)model.albumList[i], i);
        }

        //将子结点加入TreeNode中
        for(int i=0;i<model.idList.Count;i++)
        {
                InsertPhoto((int)model.categoryList[i],
    (string)model.nameList[i], (int)model.idList[i]);
        }

        //把原来做过标记(已经打开)的结点打开
        for(int i=0;i<this.Nodes.Count;i++)
        {
                if(textlist.Contains(this.Nodes[i].Text))
                    this.Nodes[i].Expand();
        }
```

DrawTree()函数首先定义一个列表用来存放当前展开的结点，使用 Clear 函数清空原视图，把结点和子结点放入到 TreeNode 中，该函数调用了 model 模型类中的几个 ArrayList 对象以及 InsertAlbum()函数和 InsertPhoto()函数，这两个函数的详细定义参见如下程序：

```
private void InsertAlbum(string strName, int nAlbum)
    {
        TreeNode node = new TreeNode(strName);
        node.Tag = new TreeItem(ItemType.Album, nAlbum);

        //向树状图中插入一个子结点
        this.Nodes.Add(node);
    }


private void InsertPhoto(int nAlbum, string strName, int nPhoto)
    {
        TreeNode node = new TreeNode(strName);
        node.Tag = new TreeItem(ItemType.Photo, nPhoto);

        //向nAlbum结点中插入一个子结点
        this.Nodes[nAlbum].Nodes.Add(node);


    }
```

以上两个函数都调用了 Treeitem 类。该类由 Treeitem.cs 文件实现，用于区分两种不同的结点：类别结点和照片结点。不同类型的结点对应的操作是不同的。这个类中的方法将用来为每个结点做一个记号(包括 Id 和 ItemType)，以便区分这两种不同的结点。实现代码参见如下程序：

```
using System;
namespace EAlbum
{
        //定义了树上的两种结点类型(相夹和照片)
        public enum ItemType { Album, Photo };
        public class TreeItem
        {private int m_nId = 0;
        private ItemType m_Type = ItemType.Photo;

                public TreeItem(ItemType type, int nId)
                {m_Type = type;
                m_nId = nId;
                }
                //对每个结点(相夹和照片)都会给一个编号，用于标识结点的当前位置
                public ItemType Type
                {get{ return m_Type; }
                }
                public int Id
                {get{ return m_nId; }
                }
        }
}
```

定义 List 类以后，TreeAlbum 控件就可以继承该类。在页面加载时加载数据。首先通过 SetModel()函数设置 List 视图对应的模型，该函数首先定义模型，然后重新绘制树状图，其实现代码如下：

```
//设置视图对应的模型
        public void SetModel(Model model)
        {
                this.model = model;
                DrawTree();
        }
```

TreeAlbum 控件初始化由 model 类中定义的 albumList 的列表对象实现，其实现代码如下：

```
        ListIndex=-1;
        observer = new ArrayList();
        idList=new ArrayList();
        albumList=new ArrayList();
```

```
                    categoryList=new ArrayList();
                    nameList=new ArrayList();
                    descList=new ArrayList();
                    searchMark=new ArrayList();
                    timeList=new ArrayList();


                    albumList.Add("风采");
                    albumList.Add("人物");
                    albumList.Add("科技");
                    albumList.Add("风景");
                    albumList.Add("其他");
```

选择相册树状图中的结点实现相册目录结点的打开和照片结点的打开，其实现代码
如下：

```
        private void treeAlbum_AfterSelect(object sender, System.Windows.Forms.TreeViewEventArgs e)
            {
                    if( true == btnUpdate.Enabled )
                    {
                            btnUpdate.Enabled = false;
                            textName.Enabled = false;
                            textTime.Enabled = false;
                            textDesc.Enabled = false;
                    }


                    TreeItem item = (TreeItem)e.Node.Tag;

                    if( ItemType.Album == item.Type )
                    {
                            model.select(-1);
                    }
                    else
                            model.select(item.Id);
            }
```

树形控件 AfterSelect 事件调用 model 类中的 select()函数，该函数的实现代码如下：

```
        //选取index为此照片在数据库中的ID——对应着picture的数据的改变(PictureBox)
        public void select(int index)
        {
                ListIndex=-1;
                image=null;
```

```
//没有选取照片
if(index<0)
{
        dataUpdate("1",0);
        return;
}
//将被选中的照片的ID和已经取出的所有照片相比
//如果匹配，则记下它的索引值——ListIndex——在整个列表中的序号
for(int i=0;i<nameList.Count;i++)
{
        if (((int)idList[i])==index)
        {
                ListIndex=i;
                break;
        }
}
//从数据库中取出此照片，放在image中
string strCmd = String.Format("SELECT photo FROM Photos WHERE id = {0}", index);
SqlCommand cmd = new SqlCommand(strCmd, sqlConn);

byte[] b = (byte[])cmd.ExecuteScalar();
if(b.Length > 0)
{
        System.IO.MemoryStream stream = new System.IO.MemoryStream(b, true);
        stream.Write(b, 0, b.Length);

        image=new Bitmap(stream);

        stream.Close();
}
//更新
dataUpdate("1",0);
}
```

　　Select()函数使用比较广泛，参数 index 对应数据库中照片的编号。例如在树形控件 AfterSelect 事件中，当选择目录结点的 index 值为−1 时，此时 index<0,执行 dataUpdate("1",0), 该函数的定义参见如下程序：

```
//通知视图进行更新操作，str代表操作的类型，npara为此操作的参数(只在添加时有用)
        private void dataUpdate(string str,int npara)
        {
```

```
                    for(int i=0;i<observer.Count;i++)
                    {
                            ((Observer)observer[i]).dataUpdate(this,str,npara);
                    }
            }
```

如果选择的是照片名称，则 index 的值为照片编号。首先验证照片编号是否与已经取出的照片编号对应。取出照片编号是通过操作数据库实现的。如果照片编号匹配，则从数据库中取出照片并放在 image 中。实现代码参考如下：

```
    if(sqlConn.State == ConnectionState.Open)
            {
                    SqlCommand sqlCmd = new SqlCommand("SELECT category, [id] AS PhotoID,
[name] AS Photo, [desc] AS Photo_Desc,[time] AS Photo_Time FROM Photos ", sqlConn);
                    SqlDataReader sqlPhotoAlbum = sqlCmd.ExecuteReader();

                    //将除图片本身以外的数据库表Photos中的信息全部取出，放在事先定义的列表中
                    while( sqlPhotoAlbum.Read() )
                    {
                        idList.Add((int)sqlPhotoAlbum["PhotoID"]);
                        nameList.Add(sqlPhotoAlbum["Photo"].ToString());
                        descList.Add(sqlPhotoAlbum["Photo_Desc"].ToString());
                        timeList.Add(sqlPhotoAlbum["Photo_Time"].ToString());
                        categoryList.Add((int)sqlPhotoAlbum["category"]);
                        //每添加一项就给对应的项做一个标记，为查找作准备
                        searchMark.Add(0);
                    }
                    sqlPhotoAlbum.Close();
            }
```

至此，照片列表功能已经基本实现。

2. 照片查询模块的代码实现

照片查询功能是通过单击【查找】按钮实现的，该事件的相应代码如下：

```
//点击查找按钮，通知模型对数据库进行操作
        private void btnSearch_Click(object sender, System.EventArgs e)
            {
                int nIndex=comboBox1.SelectedIndex;
                model.search(nIndex,textBox2.Text);
            }
```

该事件调用 model 类中的 search()函数。该函数用来从数据库中查找符合条件的照片信息，其实现代码如下：

```
//查找，支持模糊查询，index的可能值为、、
            //分别代表在照片名称、照相时间和描述信息中查找
            public void search(int index,string str)
            {
                //照片名称
                if(index==0)
                {
                    for(int i=0;i<nameList.Count;i++)
                    {
                        // 如果在nameList中匹配到用户输入的关键字则将这个纪录对应的
searchMark置为(初始化时是)
                        if (((string)nameList[i]).IndexOf(str)>-1)
                            searchMark[i]=1;
                        else
                            searchMark[i]=0;
                    }
                }
                //照相时间
                if(index==1)
                {
                    for(int i=0;i<timeList.Count;i++)
                    {
                        // 如果在timeList中匹配到用户输入的关键字则将这个纪录对应的
searchMark置为(初始化时是)
                        if (((string)timeList[i]).IndexOf(str)>-1)
                            searchMark[i]=1;
                        else
                            searchMark[i]=0;
                    }
                }
                //描述信息
                if(index==2)
                {
                    for(int i=0;i<descList.Count;i++)
                    {
                        // 如果在descList中匹配到用户输入的关键字则将这个纪录对应的
searchMark置为(初始化时是)
                        if (((string)descList[i]).IndexOf(str)>-1)
                            searchMark[i]=1;
```

```
                else
                    searchMark[i]=0;
            }
        }

        dataUpdate("2",0);
    }
```

参数 index 的值可能是 0、1 和 2，分别代表照片名称、照相时间和描述信息中的查找，索引值是从用户选择类别的 ComboBox 控件中获取的。当要在照片名称中进行查找时，如果在 nameList 中匹配到用户输入的关键字，则将这个记录对应的 searchMark 置为 1(初始化时为 0)；当要在照相时间中进行查找时，如果在 timeList 中匹配到用户输入的关键字，则将这个记录对应的 searchMark 置为 1(初始化时为 0)；当要在描述信息中进行查找时，如果在 descList 中匹配到用户输入的关键字，则将这个记录对应的 searchMark 置为 1(初始化时为 0)。最后执行 dataUpdate("2"，0)函数，其中参数"2"代表查找操作。

查找到底的结果将显示到 ListView 控件中。该控件属于视图类 Search，该类的实现代码如下：

```
//查找，支持模糊查询，index的可能值为、、
        //分别代表在照片名称、照相时间和描述信息中查找
        public void search(int index,string str)
        {
            //照片名称
            if(index==0)
            {
                for(int i=0;i<nameList.Count;i++)
                {
                    //如果在nameList中匹配到用户输入的关键字则将这个纪录对应的
searchMark置为(初始化时是)
                    if ((((string)nameList[i]).IndexOf(str)>-1)
                        searchMark[i]=1;
                    else
                        searchMark[i]=0;
                }
            }
            //照相时间
            if(index==1)
            {
                for(int i=0;i<timeList.Count;i++)
                {
                    //如果在timeList中匹配到用户输入的关键字则将这个纪录对应的
```

searchMark置为(初始化时是)

```
                                if (((string)timeList[i]).IndexOf(str)>-1)
                                        searchMark[i]=1;
                        else
                                        searchMark[i]=0;
                        }
                }
                //描述信息
                if(index==2)
                {
                        for(int i=0;i<descList.Count;i++)
                        {
                                //如果在descList中匹配到用户输入的关键字则将这个纪录对应的
```

searchMark置为(初始化时是)

```
                                if (((string)descList[i]).IndexOf(str)>-1)
                                        searchMark[i]=1;
                        else
                                        searchMark[i]=0;
                        }
                }

                dataUpdate("2",0);
        }
```

如果在 model 类的 search()函数中将 searchMark 标记为 1，则填充 ListViewItem。该类的实现比较简单，注释也比较详尽，这里就不再一一讨论。

当用户选择一条查找结果时，将通知数据库，其实现代码如下：

```
//在查找的结果中选取一张照片，通知数据库取数据
        private void listView1_SelectedIndexChanged(object sender, System.EventArgs e)
        {
                if(listView1.SelectedIndices.Count>0)
                {
                        int nindex=listView1.SelectedIndices[0];
                        int vv=(int)(listView1.Items[nindex].Tag);
                        model.select(vv);
                }
        }
```

3. 照片浏览模块的代码实现

当用户选择 TreeAlbum 列表或 ListView1 列表中的图片时，将在 pictureBox 控件中显示

该图片。PictureBox 控件属于视图类 picture，该类的实现代码如下：

```
using System;
using System.Drawing;
using System.Windows.Forms;

namespace EAlbum
{
    //显示图片，继承了PictureBox,Observer两个类
    public class picture : PictureBox,Observer
    {//将模型类实例化
        private Model model;

        //构造函数
        public picture()
        {
        }

        //实现自己的dataUpdate方法
        public void dataUpdate(Model model,string str,int npara)
        {
            this.model = model;
            //画图
            Drawpic();
        }

        //设置视图对应的模型
        public void SetModel(Model model)
        {
            this.model = model;
        }

        //将模型中的照片画到PictureBox中
        private void Drawpic()
        {
            //将模型中的图片取出
            Image bmp=model.image;
            Rectangle rc = this.ClientRectangle;

            //将图片以一定的比例(选比值大的那个作为标准)画出
```

```
            if(bmp!=null)
            {
                SizeF size = new SizeF( bmp.Width / bmp.HorizontalResolution, bmp.Height /
bmp.VerticalResolution);

                float fScale = Math.Min( rc.Width / size.Width, rc.Height / size.Height);

                size.Width *= fScale;
                size.Height *= fScale;

                this.Image = new Bitmap(bmp, size.ToSize());
            }
            else
                this.Image=null;
        }
    }
}
```

实现 Picture 类的主要方法有 dataUpdate 方法和 Drawpic 方法在 dataUpdate 方法中被调用。它完成的任务是将一张已经从数据库中取出的照片按照一定的比例显示在 picturBox 控件中。比例的控件方法有很多种，在这里实现的策略是：使照片以原有的长宽比显示，不让照片变形，在这个前提下要尽量充满整个控件。先求出照片实际的长度与控件长度的比值和照片实际的宽度与控件宽度的比值，然后从中找出一个较大的作为标准——让这条边显示时的长度与控件的这条边的长度相等，这样一来，照片另一条边的长度只会小于等于控件的另一条边，照片以原比例显示在控件中，而不会有被裁剪的部分。

通过操作数据库获取的照片信息将显示到三个 TextBox 控件中，它们的名称分别为 textName、textTime 和 textDesc，分别显示照片名称、照相时间和照片描述。它们属于 Attribute 视图类，其实现代码如下：

```
using System;
using System.Windows.Forms;

namespace EAlbum
{
    public enum TextType { name,time, desc };

    //显示照片名称、照相时间和描述信息，继承了TextBox,Observer两个类
    public class Attribute : TextBox,Observer
    {
        private Model model;
        public TextType type;
```

```
//构造函数
public Attribute()
{

}

//实现自己的dataUpdate
public void dataUpdate(Model model,string str,int npara)
{
    this.model = model;
    DrawText();
}

//设置视图对应的模型
public void SetModel(Model model)
{
    this.model = model;
}

//重画
private void DrawText()
{
    int index=model.ListIndex;
    if(index>=0 && model.nameList.Count>0)
    {
        if(this.type==TextType.name)
            this.Text=(string)model.nameList[index];
        else if(this.type==TextType.desc)
            this.Text=(string)model.descList[index];
        else if(this.type==TextType.time)
            this.Text=(string)model.timeList[index];
    }
    else
        this.Text="";
}

}
}
```

视图类在程序运行过程中执行得最多的方法是 dataUpdate 方法。一旦模型的改变影响到了某部分的视图，就会调用所有视图的 dataUpdate 方法，再由每个视图类自己判断是否需要重画那部分界面，以及怎样重画界面。

4. 照片信息修改模块的代码实现

用户单击主界面中的【修改】按钮时，用于显示照片信息的 3 个 TextBox 控件才可用，其实现代码如下：

```
//点击修改按钮，通知视图作出反应
        private void btnModify_Click(object sender, System.EventArgs e)
        {
              btnUpdate.Enabled = true;
              textName.Enabled = true;
              textTime.Enabled = true;
              textDesc.Enabled = true;
        }
```

用户输入照片修改信息后，单击【提交】按钮实现照片信息的修改功能，其实现代码如下：

```
//点击更新按钮，通知模型修改数据库，同时通知视图作出反应
        private void btnUpdate_Click(object sender, System.EventArgs e)
        {
              model.update(textName.Text,textTime.Text,textDesc.Text);

              btnUpdate.Enabled = false;
              textName.Enabled = false;
              textTime.Enabled = false;
              textDesc.Enabled = false;
        }
```

该事件调用 model 类中的 update 函数实现照片信息的修改，以及设备各个按钮的状态。update 函数的实现代码如下：

```
public void update(string newname,string newtime, string newdesc)
        {
              if(ListIndex<0)
                    return;

              string strCmd= String.Format("UPDATE Photos SET [name] =
'{0}',[time]='{1}',[desc]='{2}' WHERE id = {3}", newname,newtime,newdesc, idList[ListIndex]);

              //在列表中更新
              nameList[ListIndex]=newname;
              timeList[ListIndex]=newtime;
```

```
descList[ListIndex]=newdesc;

//在数据库中更新
SqlCommand cmd = new SqlCommand(strCmd, sqlConn);
cmd.ExecuteNonQuery();
dataUpdate("5",0);

}
```

Update 函数执行数据库的 UPDATE 操作并更新列表中的数据，做后执行 dataUpdate（"5"，0)函数，参数"5"代表更新操作。

5. 照片管理模块的代码实现

照片管理模块包括照片的添加和删除操作。其中，添加照片使用 OpenFileDialog 控件，通过该控件获取要添加到的照片位置。添加照片时首先要在列表中选择一个类别，然后单击【添加】按钮，将会弹出【打开】按钮，被选的所有照片将被添加到数据库中，所有视图都会执行 dataUpdate 操作来更新视图。在程序中将默认显示当前添加的最后一张照片。单击【添加】按钮响应事件的实现代码如下：

```
private void buttonadd_Click(object sender, System.EventArgs e)
{
    if(treeAlbum.SelectedNode!=null)
    {
        TreeItem item = (TreeItem)treeAlbum.SelectedNode.Tag;
        if(item.Type==ItemType.Album)
        {
            if( DialogResult.OK == FileOpenDlg.ShowDialog() )
            {
                //在打开的选择框中选择照片——可以是多选
                foreach( string file in FileOpenDlg.FileNames )
                {
                    //通知模型对数据库进行操作
                    //向数据库中插入一条记录
                    int newid=model.addphoto(file,item.Id);
                    //打开当前添加的照片
                    model.select(newid);
                }
            }
        }
        else
```

```
                    MessageBox.Show("请首先选择类别");
            }
        else
            MessageBox.Show("请首先选择类别");
    }
```

当从文件选择对话框中选择文件后，调用 model 类中的 addphoto()函数实现向数据库中插入一条记录的操作，接着通过 model 类的 select ()函数打开当前添加的照片。addphoto()函数的实现代码如下：

```
//添加照片，参数file为文件名，cateid为照片属于的种类
    public int addphoto(string file,int cateid)
    {
        //将文件名为file的文件读入到buffer中
System.IO.FileStream stream = new System.IO.FileStream(file, System.IO.FileMode.Open,
System.IO.FileAccess.Read);
        byte[] buffer = new byte[stream.Length];
        stream.Read(buffer, 0, (int)stream.Length);
        stream.Close();

        string strName = System.IO.Path.GetFileNameWithoutExtension(file);
        //调用sp_InsertPhoto存储过程添加照片
        SqlCommand cmd = new SqlCommand("sp_InsertPhoto", sqlConn);
        cmd.CommandType = CommandType.StoredProcedure;

        SqlParameter param = cmd.Parameters.Add("RETURN_VALUE", SqlDbType.Int);
        param.Direction = ParameterDirection.ReturnValue;

        cmd.Parameters.Add("@name", SqlDbType.VarChar).Value = strName;
        cmd.Parameters.Add("@image", SqlDbType.Image).Value = buffer;
        cmd.Parameters.Add("@album", SqlDbType.Int).Value = cateid;

        cmd.ExecuteNonQuery();

        //获得返回的照片ID
        int nID = (int)cmd.Parameters["RETURN_VALUE"].Value;

        //将照片添加到列表中
        idList.Add(nID);
        nameList.Add(strName);
```

```
            descList.Add("");
            searchMark.Add(0);
            categoryList.Add(cateid);
            timeList.Add("");

            //buffer清空
            buffer = null;

            //更新视图，cateid参数表示照片属于的种类
            dataUpdate("4",cateid);
            return nID;
        }
```

Addphoto()函数通过调用 sp_InsertPhoto 存储过程向数据库中插入一条记录。照片的删除功能是由单击【删除】按钮来执行的，其事件响应代码如下：

```
    private void buttondel_Click(object sender, System.EventArgs e)
        {
            //删除照片
            int oldid=model.deletephoto();
            //如果删出的不是列表中的第一张照片，那么显示它的上一张照片
            if(oldid>0)
                model.select((int)model.idList[oldid-1]);
                //如果删出的是列表中的第一张照片，那么显示它的下一张照片
            else if(oldid==0 && model.idList.Count>0)
                model.select((int)model.idList[0]);
        }
```

照片删除功能可通过调用 model 类的 deletephoto()函数实现。如果删除的照片不是列表中的第一张，那么显示它的上一张照片，否则，显示它的下一张照片。Deletephoto()函数的实现代码如下：

```
    //删除照片
        public int deletephoto()
        {
            //没有选定照片或数据库中没有照片，不执行任何删除操作
            if(ListIndex<0 || idList.Count==0)
                return ListIndex;

            //取出照片的ID，从数据库中删除
            int index=(int)(idList[ListIndex]);
            string strCmd= String.Format("DELETE FROM Photos WHERE id = {0}", index);
```

```
SqlCommand cmd = new SqlCommand(strCmd, sqlConn);
cmd.ExecuteNonQuery();

//把所有列表中关于此照片的数据删除
idList.RemoveAt(ListIndex);
nameList.RemoveAt(ListIndex);
descList.RemoveAt(ListIndex);
categoryList.RemoveAt(ListIndex);
searchMark.RemoveAt(ListIndex);
timeList.RemoveAt(ListIndex);
image=null;
int revalue=ListIndex;
//将"指针"指向被删除照片的前一张照片
ListIndex--;
dataUpdate("3",ListIndex);
return revalue;
}
```

至此，整个电子相册的功能已经基本实现。

情 境 总 结

本学习情境利用电子相册系统，按相应的工作任务，对电子相册数据库进行设计、构建，对系统程序进行编写和实现。

参 考 文 献

[1] 董福贵. SQL SERVER 2005 数据库简明教程. 北京：电子工业出版社，2006.

[2] 张蒲生. 数据库应用技术 SQL SERVER 2005 提高篇. 北京：机械工业出版社，2008.

[3] 胡昌杰. 网络数据库. 武汉：湖北人民出版社，2008.

欢迎选购西安电子科技大学出版社教材类图书

控制工程基础(王建平)	23.00	数控加工进阶教程(张立新)	30.00
现代控制理论基础(舒欣梅)	14.00	数控加工工艺学(任同)	29.00
过程控制系统及工程(杨为民)	25.00	数控加工工艺(高职)(赵长旭)	24.00
控制系统仿真(党宏社)	21.00	数控机床电气控制(高职)(姚勇刚)	21.00
模糊控制技术(席爱民)	24.00	机床电器与PLC(高职)(李伟)	14.00
运动控制系统(高职)(尚丽)	26.00	电机及拖动基础(高职)(孟宪芳)	17.00
工程力学(张光伟)	21.00	电机与电气控制(高职)(冉文)	23.00
工程力学(项目式教学)(高职)	21.00	电机原理与维修(高职)(解建军)	20.00
理论力学(张功学)	26.00	供配电技术(高职)(杨洋)	25.00
材料力学(张功学)	27.00	金属切削与机床(高职)(聂建武)	22.00
工程材料及成型工艺(刘春廷)	29.00	模具制造技术(高职)(刘航)	24.00
工程材料及应用(汪传生)	31.00	塑料成型模具设计(高职)(单小根)	37.00
工程实践训练基础(周桂莲)	18.00	液压传动技术(高职)(简引霞)	23.00
工程制图(含习题集)(高职)(白福民)	33.00	发动机构造与维修(高职)(王正键)	29.00
工程制图(含习题集)(周明贵)	36.00	汽车典型电控系统结构与维修(李美娟)	31.00
现代设计方法(李思益)	21.00	汽车底盘结构与维修(高职)(张红伟)	28.00
液压与气压传动(刘军营)	34.00	汽车车身电气设备系统及附属电气设备(高职)	23.00
先进制造技术(高职)(孙燕华)	16.00	汽车单片机与车载网络技术(于万海)	20.00
机电传动控制(马如宏)	31.00	汽车故障诊断技术(高职)(王秀贞)	19.00
机电一体化控制技术与系统(计时鸣)	33.00	汽车使用性能与检测技术(高职)(郭彬)	22.00
机械原理(朱龙英)	27.00	汽车电工电子技术(高职)(黄建华)	22.00
机械工程科技英语(程安宁)	15.00	汽车电气设备与维修(高职)(李春明)	25.00
机械设计基础(岳大鑫)	33.00	汽车空调(高职)(李祥峰)	16.00
机械设计(王宁侠)	36.00	现代汽车典型电控系统结构原理与故障诊断	25.00
机械设计基础(张京辉)(高职)	24.00	～～～～～～～其 他 类～～～～～～～	
机械CAD/CAM(葛友华)	20.00	电子信息类专业英语(高职)(汤滟)	20.00
机械CAD/CAM(欧长劲)	21.00	移动地理信息系统开发技术(李斌兵)(研究生)	35.00
AutoCAD2008机械制图实用教程(中职)	34.00	高等教育学新探(杜希民)(研究生)	36.00
画法几何与机械制图(叶琳)	35.00	国际贸易理论与实务(鲁丹萍)(高职)	27.00
机械制图(含习题集)(高职)(孙建东)	29.00	技术创业：新创企业融资与理财(张蔚虹)	25.00
机械设备制造技术(高职)(柳青松)	33.00	计算方法及其MATLAB实现(杨志明)(高职)	28.00
机械制造技术实训教程(高职)(黄雨田)	23.00	大学生心理发展手册(高职)	24.00
机械制造基础(周桂莲)	21.00	网络金融与应用(高职)	20.00
机械制造基础(高职)(郑广花)	21.00	现代演讲与口才(张岩松)	26.00
特种加工(高职)(杨武成)	20.00	现代公关礼仪(高职)(王剑)	30.00
数控加工与编程(第二版)(高职)(詹华西)	23.00	布艺折叠花(中职)(赵彤凤)	25.00

欢迎来函来电索取本社书目和教材介绍！　通信地址：西安市太白南路2号　西安电子科技大学出版社发行部

邮政编码：710071　　邮购业务电话：(029)88201467　　传真电话：(029)88213675。